U0812724

高职高专自考·艺术设计教材

环境艺术设计
建筑装饰工程预算

(本教材同时适用于本科环境艺术专业使用)

● 李怀方 编著

中国轻工业出版社

图书在版编目（CIP）数据

环境艺术设计：建筑装饰工程预算/李怀方编著．—北京：中国轻工业出版社，2019.7

高职高专自考·艺术设计教材

ISBN 978-7-5019-2983-2

Ⅰ．环…　Ⅱ．李…　Ⅲ．建筑装饰－建筑预算定额－高等学校：技术学校－教材　Ⅳ．TU723.3

中国版本图书馆 CIP 数据核字（2007）第004918号

责任编辑：秦　功　毛旭林
策划编辑：秦　功　　责任终审：孟寿萱　　封面设计：蓝先琳
版式设计：丁　夕　　责任校对：李　靖　　责任监印：张　可

*

出版发行：中国轻工业出版社（北京东长安街6号，邮编：100740）
印　　刷：三河市万龙印装有限公司
经　　销：各地新华书店
版　　次：2019年7月第1版第13次印刷
开　　本：889×1194　1/16　　印张：7
字　　数：168千字　插页：1
书　　号：ISBN 978-7-5019-2983-2
定　　价：28.00元
邮购电话：010－65241695
发行电话：010－85119835　传真：85113293
网　　址：http://www.chlip.com.cn
Email：club@chlip.com.cn

如发现图书残缺请与我社邮购联系调换

190770J2C113ZBW

高职高专自考·艺术设计教材

编审委员会

顾　　问： 李宗尧（中国高等职业技术教育研究会会长）

袁　晓（北京市职教成教教材领导小组办公室）

委　　员： 王抗生　吕美立　刘境奇

汤重熹　邱承德　李　巍

杨乾钊　张芷岷　张　星

张　楠　彭　亮　蓝先琳

潘吾华

本书主审： 张惠云

审　　校： 苏　乾

出版说明

本教材系列于2001年9月经教育部中国高等职业技术教育研究会组织专家评估，被列为专家推荐教材；同时被陕西省自学考试管理中心指定为陕西省高等教育自学考试指定教材。本书力求适合高职教育教学与自学的特点，内容精练，通俗实用。

本教材是在中国高等职业技术教育研究会指导下，由全国15个省市自治区、30余所高职院校参与策划、审稿、编写工作，使该教材具有一定广泛性，适合全国各地区高职院校使用，同时可供本科艺术设计专业选用。

现将参与本套教材编写工作的院校列后：

西北建筑工程学院
西安建筑科技大学
苏州工艺美术职业技术学院
广东轻工职业技术学院
深圳职业技术学院
广东顺德职业技术学院
广州番禺职业技术学院
广州成人教育学院
广州大学艺术与设计学院
北京西城经济科学大学
北京朝阳社区学院
北京职业教育集团
天津职业大学
西安美术学院成教学院
四川教育学院
宁波职业技术学院
北京轻工职业技术学院
辽宁经济职业技术学院工艺美术分院
杭州职业技术学院
广西柳州职业技术学院
金陵职业技术学院
徐州建筑职业技术学院
江汉大学
昆明大学
广东省肇庆学院
北京市财贸管理干部学院
洛阳大学
北京工商大学传播艺术学院
清华大学美术学院
中央美术学院
北京服装学院
四川大学纺织服装学院
西北纺织工学院服装学院
四川美术学院成教学院

目　录

第一章 概 述

第一节 建筑装饰工程预算的含义

一、建筑装饰工程

自从有了建筑，就有了建筑装饰（包括室内装饰和室外装饰）。城市之美源于建筑、道路、绿化、城市设施等诸多因素形成的良好环境；建筑之美源于其功能、空间、造型、色彩、装饰等因素。建筑装饰始于表面，涂以色彩，描以图画，裹以锦绣，嵌以雕塑，垂以幕帷。对建筑各个部位进行装点修饰，以满足人们生活、视觉、审美等方面要求的系统工程称为建筑装饰工程。可见，满足人们对精神生活上的需求（精神功能）及使用上的需求（物质功能）始终是建筑装饰工程的目的。

建筑装饰工程包括抹灰、饰面（镶贴面）、裱糊、涂料、刷浆、隔断、吊顶、门窗、玻璃、罩面板和花饰安装等。建筑装饰工程除了能增强建筑物的使用功能、美观和艺术性等视觉方面的功能外，它还能改善建筑围护结构的物理性能（如保温、隔热、隔声、防火、防潮、防腐等）；能通过装饰层使建筑物免受大气、环境、人为等因素的侵蚀与干扰，提高围护结构的耐久性；能改善室内采光条件；能使室内的墙面和地面耐磨、耐酸或易于清洁等。从而为人们创造更加舒适宜人的生活、学习、娱乐的居住环境，提高生活质量。

改革开放以来，人们的生活水平不断提高，对生活质量、环境质量提出了更高的要求。各种大中小型建筑工程和大量住宅建设的实施，商场、旅馆、银行、剧院等的改造，整旧翻新，建筑装饰工程方兴未艾。装饰工程项目繁多，涉及面广，工程量大，施工工期长，耗用劳动量多。例如在一般民用建筑中，平均每平方米建筑面积就有 3～5m^2 的室内抹灰、0.15～1.3m^2 的室外抹灰；装修劳动量占总劳动量的 15%～30%；其工期占总工期的 30%～40%；其造价占总造价的 30% 左右；对一些装饰标准要求高的建筑，其工期和造价均占整个建筑物总工期和总造价的 50% 以上。例如上海某大厦，其玻璃幕墙的造价就超过了主体结构的造价。一些商业大厦的装饰工程占总投资的 30%～35%。因此，为了加快工程进度，降低工程成本，达到既满足装饰功能又增强装饰效果的目的，除了其他措施以外，对工程建造所必需费用预先进行计算是非常必要的。作为建设方（或称业主），希望投资不多且质量好；作为施工方（或称承包商），希望质量好但成本低。那么，如何做好装饰工程预算，本书要讲述的即建筑装饰工程的预算编制。

二、建筑装饰工程的特点

建筑装饰工程的特点除了项目繁多，量大、工期长、造价高以外，还具有以下特点：

1. 装饰工程的独立性和依附性

由于装饰工程具有自身特点，所以装饰业正逐步从建筑行业中分离成独立的行业，其设计、施工也相应独立出来，表现为当土木工程主体完工后，仍要作装饰设计与施工，即进行二次设计与施工。但两者又不可分离，装饰工程必须依附于主体工程。

2. 装饰工程的个体性和多样性

由于人们个体的需求、品位、审美观、风格、民族等的不同，以及其他许多复杂因素的影响，很难用统一的模式进行装饰工程设计与施工，许多不确定因素使装饰工程呈现出个体性和多样性。当然装饰工程有其自身的规律，例如同一性依然存在。为了加快工程进度，降低成本，提倡工业化施工已成为发展方向之一。

3. 装饰工程施工的精致性

对于室内装饰工程、建筑底层外装饰工程由于视距较近，所以要求装饰施工精巧而细致，这样方能给人以美感，体现设计思想和一定的文化内涵。否则不能达到装饰的目的。

4. 装饰工程的复杂性

由于装饰工程施工方法、装饰式样、装饰材料、工艺方法等各不相同，使得装饰工程呈现出复杂性。例如装饰材料在性质、规格、颜色、花纹、价格、工艺做法等方面差异很大，新材料层出不穷，有的施工工艺难度大，质量要求高。但随着工业化施工的发展，新工艺的出现，将使装饰工程变得简单化。有人曾提出几条简化措施：①不断提高装饰工程工业化施工水平；②实现装饰与结构合一；③大力发展新型装饰材料；④尽可能采用干法施工；⑤广泛应用胶粘剂和涂料，以及喷涂、滚涂和弹涂等新工艺。

5. 装饰工程造价变化幅度大，高低悬殊

随经济条件要求不同，装饰工程造价有显著的差别。由于装饰工程造价约占总造价的 30% ~50%，造价大幅度的变化给装饰工程预算的准确性带来极大的难度。

三、建筑装饰工程预算

设计单位根据建设单位（业主）对工程提出的要求进行设计，并按国家有关编制预算的规定编制施工图预算；施工企业根据建设单位（业主）提供的施工图资料，结合施工方案、预算定额、取费标准、造价管理文件及价格信息等基础资料，计算出装饰工程的建造价格叫装饰工程预算。工程预算是装饰工程产品的“计划”价格，即其价值的货币表现。国家根据价值规律，规定了一整套编制预算的办法，用货币形式表现装饰工程的价值，这就是设计单位和施工企业（承包商）编制的预算。装饰工程预算的误差大小，将直接影响到建设单位的经济支出和施工单位（承包商）的经济收入。

四、建筑装饰工程预算的分类

建筑装饰工程预算的分类通常有两种方法，即按装饰部位划分和按装饰工程的进展阶段划分。现在最常用的是按装饰工程的进展阶段划分装饰工程预算的方法。

（一）按装饰部位划分

1. 室外装饰工程预算

室外装饰工程是为了满足或增强建筑外部的视觉艺术效果及城市规

划等方面的要求，对建筑物的外部各要素（如墙体、檐口、腰线、窗户、大门、勒脚等部位）作必要的装点修饰。在装饰施工之前，业主和承包商为了掌握室外装饰工程建造价格而作的具有经济分析性质的文件称室外装饰工程预算。

2. 室内装饰工程预算

室内装饰工程是为了满足或增强室内使用功能和视觉艺术效果，对建筑物的内部空间中各要素（如墙体、天棚、地面、门窗及其他设施等部位）作必要的装点修饰（施工一般和主体工程设计、施工分开完成）。在装饰施工之前，业主和承包商为了掌握室内装饰工程建造价格而作的具有经济分析性质的文件称为室内装饰工程预算。

在后面的篇章中，我们将重点讲述室内装饰工程预算的编制。

（二）按装饰工程的进展阶段划分

1. 装饰工程概算

在装饰工程初步设计阶段，以初步设计阶段的设计图及概算定额或概算指标及其应配套造价文件及规定作为主要计算依据，对拟建装饰工程建设所需费用的投资额进行的概算、估算或报价，称装饰工程概算。

2. 装饰工程预算（或叫施工图预算）

装饰工程初步设计完成后，就进入装饰施工图设计阶段。在装饰施工图阶段，以装饰施工图及预算定额作为主要计算依据，对拟建工程的建造价格所进行的较准确的预算或报价，称装饰工程预算。装饰工程施工图，通俗地讲即是在装饰工程未施工前，在图纸上所拟定的装饰造型式样、装饰材料、工艺作法、要求等。它是施工必须严格执行的图样。这种图样可通俗地理解为设计人员根据建设单位（业主）所确定的装饰标准、要求以及设计规范、设计人员的创意，将头脑中所构思的建筑装饰造型式样、作法、色彩及要求等内容表示在图纸上。

3. 工程预算分类

施工图预算，施工预算和竣工决算，通常称“三算”。三者的概念是不同的，不可混淆。现分述如下：

(1) 施工图预算　施工图预算是按照施工图及国家或各省、市、地区颁发的预算定额、费用定额，经过计算得出的建造该装饰工程施工所需的全部费用的经济性文件。施工图预算必须要能准确反映工程造价。因为施工图预算的准确性直接关系到国家、企业和个人三者的切身利益，既不能高估冒算，也不能低估少算。施工图预算主要用于对外进行招投标时所进行的关于工程造价的计算。

(2) 施工预算　施工预算是装饰施工企业内部以施工图为计算对象，对其人工费、材料费和机械台班消耗用量及费用进行计算的经济性文件。它是工程承包、限额领料及成本核算的依据。施工预算直接受施工图预算的控制。施工图预算与施工预算的区别见表 1－1。

表 1－1　　施工图预算与施工预算的区别

名　称	预算包含的内容	计算方法	应用范围
施工图预算	直接费、间接费、税金、利润	按施工图及定额规则	对外招投标
施工预算	直接费、间接费	按施工图	施工企业内部

(3) 竣工结算　在工程施工过程中，设计的变更、材料代用、洽商签证等因素的变化会影响工程价款的增减。考虑到这部分变化，施工企业对所承包的工程按照合同规定建成交付甲方后，向建设单位(业主)最后进行工程价款的计算称竣工结算。

现行装饰工程有的是按一次包死的承包方式进行的，盈亏均由装饰工程承包企业自负，这就大大简化了竣工结算。竣工结算时施工企业对工程的缺陷责任期未满(保修期内)，一般情况下，建设方(业主)按合同规定扣发 5% ~10% 工程价款作为承包商的质量保证金或违约预留金，待全部缺陷责任期满，用户签发合格证书时退还此款。

(4) 竣工决算　装饰工程的竣工决算是以竣工结算为基础进行编制的，它是对从筹建装饰工程开始到工程全部竣工后的费用支出的计算叫竣工决算。竣工结算与竣工决算的区别见表 1 – 2。

表 1 – 2　　竣工结算与竣工决算的区别

名　称	编制单位	编制范围	作　　用
竣工结算	施工单位	单位装饰工程	业主与承包商结算的根据是承包商考虑成本的依据，亦是业主编制决算的依据
竣工决算	建设单位	整个装饰工程项目	是业主考核投资效果的依据

第二节　建筑装饰工程预算的作用

目前，我国经济建设正在实现两个根本性的转变，一是经济体制要从传统的计划经济向社会主义市场经济转变，运用市场经济规律来调节建筑装饰工程市场；二是经济的增长从粗放型向集约型转变。建筑装饰工程的施工相当于向社会提供装饰工程产品，施工企业是以销售产品(卖方)的一方出现的，而建设单位(业主)是以买方的身份出现，两者的经济关系是以合同的形式确立的。

一、设计概算的作用

1. 设计概算是编制装饰工程计划、控制装饰工程投资额的文件。设计概算的编制是以装饰工程的初步设计图纸及其相应的概算定额、指标为依据的。它所确定的造价是用来控制投资的最高限额。

2. 设计概算是进行装饰工程设计方案比较，选择经济合理方案的依据。因为装饰工程设计往往有很多方案可供选择，但具体用哪一个方案，还需要经过多方面的比较，其中经济比较是非常重要的一个方面，综合各个方案概算投资及其他方面的比较，才可选择出既经济又合理的装饰工程方案。

3. 设计概算是筹集资金，进行拨款、贷款的依据，也是监理工程师控制装饰工程投资的根据。

二、施工图预算的作用

施工图预算是技术准备工作的主要组成部分之一，它是按照施工图确定的工程内容和工程量、施工方案所拟定的施工方法、合同条款规定选用造价文件及取费办法（包括装饰工程预算定额及其取费标准、造价信息等），由设计及施工单位（承包商）编制的确定建筑装饰工程造价的经济文件。其作用是：

(1)它是确定装饰工程造价的依据。

(2)它是建设单位(业主)与施工单位(承包商)进行工程招标、投标、签订工程合同、办理工程拨款和竣工结算的依据。

(3)它是施工企业进行成本核算的依据。作为施工企业，不仅要提供给业主优质合格的装饰工程产品，同时要以低投入、高产出获得更多的经济效益，所以要在保证工程质量的前提下，千方百计降低工程成本，只有通过各种施工方案的比较、预算价格的比较，才能确定盈利还是亏损。

(4)是施工企业编制施工组织设计的依据。

(5)是施工企业管理水平的反映，尤其能反映施工企业实行经济承包制的效果，从而为其不断进行改善管理体制提供重要手段。

三、施工预算的作用

施工企业为了降低工程成本，提高劳动生产率，加强企业管理，在施工图预算限额的控制下，通过工料分析，在施工组织设计中采用降低工程成本的技术与组织措施，对工程所需的人工、材料、机械台班消耗量及其他费用进行较详细准确的计算，其作用是：

(1)作为实行班组责任承包任务的依据。

(2) 是施工项目经理向班组下达装饰工程施工任务和进行验收的根据。

(3)是施工班组实行限额领料、考核单位用工、班组进行经济核算的依据。

(4)是班组编制作业计划的依据。

(5)是材料管理部门、劳动力组织部编制劳动力需要量计划、材料供应计划、机具需要量计划的重要依据。

(6)是施工图预算与施工预算进行对比分析、控制成本的有力措施。

作业与思考题

1. 建筑装饰工程的作用是什么?
2. 建筑装饰工程的特点是什么?
3. 什么叫装饰工程预算?
4. 装饰工程预算如何分类?
5. 什么叫施工图? 为什么说装饰工程施工图是作装饰工程预算最重要的依据?
6. 施工图预算与施工预算有什么区别?
7. 为什么要作施工预算?

第二章　编制建筑装饰工程预算所需资料和文件

编制建筑装饰工程预算所需要的资料与文件主要有：装饰设计施工图、国家或地方规定使用的预算定额、单位估价表、人工工资标准、材料预算价格、机械台班单价与费用标准、施工方案、预算工作手册、工程合同书或协议书及其他规定文件。

第一节　设计图与说明

一、设　计　图

设计图是拟建装饰工程的功能、形式、构造、材料、作法等内容在图纸上的反映，是装饰工程实物量的另一种表达形式。它的主要任务是满足施工的要求。一套设计图应当齐全统一，明确无误。由于装饰工程施工要完全按照设计图的要求来实施，因而预算人员在编制预算书之前，必须熟悉装饰工程施工图。对图上的每一根线条，每一条文字说明所表达的设计意图等都应当深入理解。另外，预算人员还必须熟悉装饰工程图制图标准。例如：各种图线、符号、图例的表示方法等（目前制图主要应用《建筑制图标准》来表达）。

这里要注意的是，现在有些装饰工程设计图不够规范。例如，图中曲线较多，如同美术中的曲线，若要非常确切表达，难度很大，因而只给出了式样，施工时现场再定。详细一些的图样应标出各种尺寸、比例、材料、色彩等。再如，有些图样没有给出具体的材质、构造、做法等(这里指装饰工程标准图中没有的做法)。图样某些内容的模糊性给装饰工程预算在确定人工、材料及机械台班费等项目上的计算带来一定的差异。遇到这种情况，通常是在作装饰工程施工图预算时，按一般常规做法来确定人工、材料及机械台班费等。也就是说，目前的装饰工程预算，工程量的计算必须依据施工图及工程量计算规则所确定的工作内容；费用的计算只能按国家或所在地区的装饰预算定额、计算规定来进行。

严格的讲，装饰工程图应当应用《建筑制图标准》来表达装饰工程设计的施工图纸，但目前参与设计的人员来自各个行业以及装饰领域宽阔，有搞建筑的，有搞美术的，有搞工艺等各行业人员都按照自己行业的习惯表达，有的只画透视图或者立面图，有的没有比例、没有构造做法，给施工及预算带来相当大的困难。有望国家出台装饰的制图标准。

二、文 字 说 明

设计施工图中有些内容没必要用图线表示的，用文字说明即可。如：常用做法在标准图上已有的等。有些内容难以用图表达的需用文字说明，如：砂浆的强度等级（用 M10、M5……表示）、混凝土的强度等级（用

C20、C25……表示)、色彩等。还有另一种特殊情况,就是用图线表示比较复杂而用文字说明较为简单明了的,则用文字说明。如:建筑构造引出线见图2-1。

三、识图要领

图样常被喻为工程的"语言",弄懂工程图样是计算装饰工程工程量的基础和关键,必须熟练掌握。以下简要列述一些识图要领。

1. 定位轴线及其编号

轴线是确定房屋主要构件位置和尺寸的基准线——定位轴线。在平面图中,横向以阿拉伯数字①②③④⑤……,从左至右顺序编号;竖向以大写拉丁字母ⒶⒷⒸ……,从下至上进行编号(I、O、Z除外);附加轴线的编号用分数表示,如:1/2、1/3……;通用详图的定位轴线,只画圆不注写轴线编号;轴线间距绝大多数都是300mm的倍数。

2. 剖切符号

由剖切位置线组成,用粗实短线表示。一般剖视方向宜向左、向上(图2-2)。标注字母或数字的一侧为剖视方向。断(截)面剖切符号多表示在平面图上。

3. 索引符号与详图符号

图样中的某一局部或构件,如需另见详图,均用索引符号索引。

4. 引出线

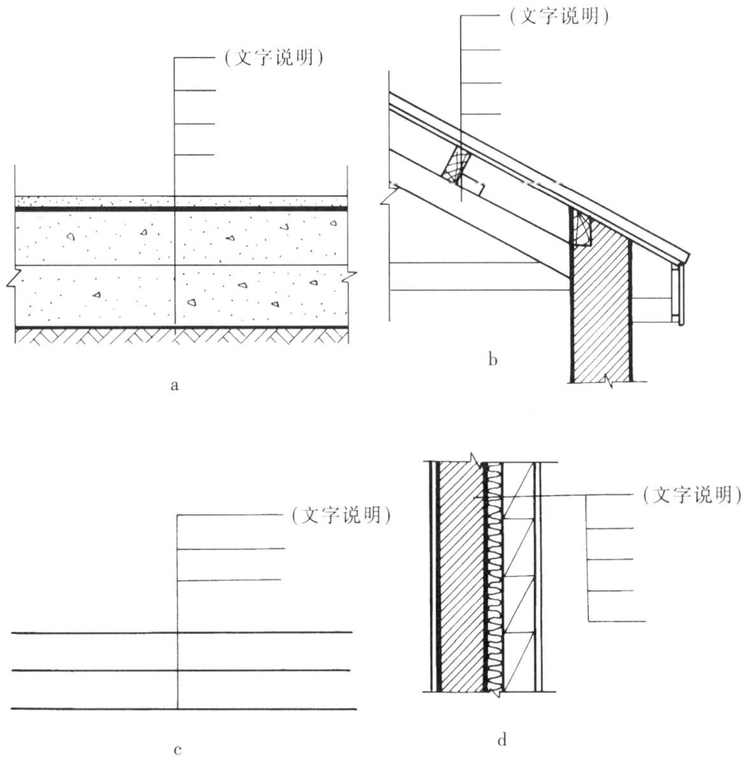

图2-1　多层构造引出线

引出线采用细实线表示。数字或文字说明一般注写在横线上方，也可注写在横线的端部。说明顺序由上至下，并与构造层次顺序相互一致。多层构造层次引出线必须通过被引出的各层并保持垂直方向（见图 2－1）。

5. 尺寸单位

工程图中，尺寸单位一般用 mm（毫米），标高用 m（米）表示，在图样上一般不加说明。如果图样中采用了其他尺寸单位，则必须加以说明。通常尺寸均应和轴线、标高线发生关系，以便定位（见图 2－3）。

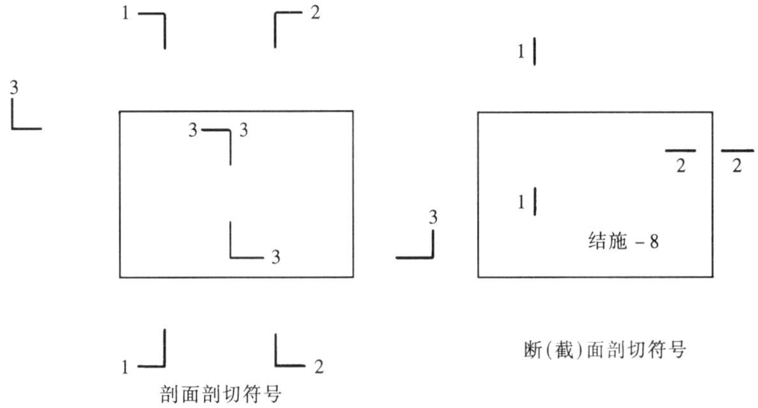

图 2－2　剖切符号

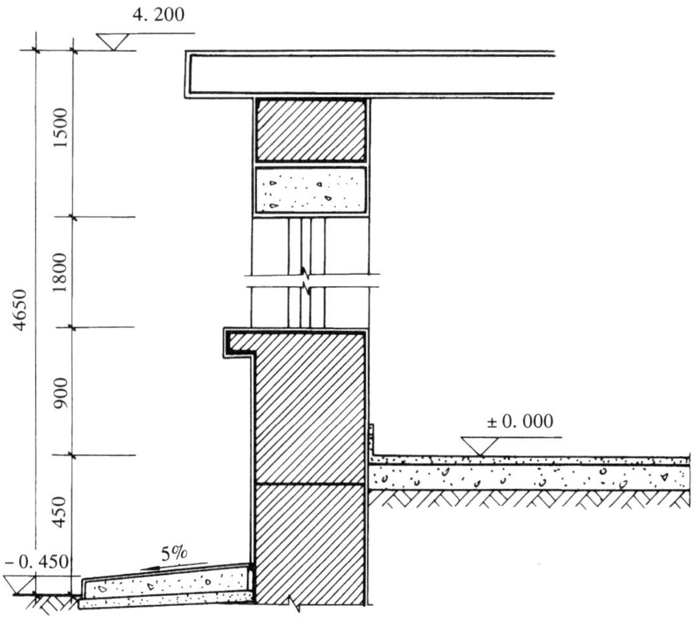

图 2－3　标高示意图

如要详细了解有关识图知识，请参阅现行的《房屋建筑制图统一标准》(GBJ1—86)及《建筑制图标准》(GBJ104—87)等有关章节。

四、主要施工图

房屋建筑的工程图主要包括：总说明、总平面图、建筑施工图（简称建施）；结构施工图（简称结施）；给排水施工图（简称水施）；采暖施工图（简称暖施）；通风空调施工图（简称通施）；电气施工图（简称电施）；设备工艺施工图（简称设施）等。

1. 建筑总平面图

总平面图表达了建筑物所在地理位置和周围环境的关系，主要确定拟建建筑物的平面位置、高程位置及与周围环境的关系。图上还表达了用指北针表示的建筑物朝向、用风玫瑰图表示的主导风向、图示比例、一些技术经济指标和文字说明。

2. 建筑施工图

主要表达拟建建筑物各部分空间使用功能关系、不同房间分布组合、规模、大小、各种尺寸、层高、层数、建筑内外造型、用材、各种名称、门窗和洞口的形状位置及编号，以及各部分详细的建筑构造做法。建筑施工图主要包括：总说明、总平面、门窗表、平面图、立面图、剖面图、施工详图、构造做法等。

建筑室内装饰工程地面平面图用垂直各个地面的正投影的形式表示；顶棚平面图多以仰视的垂直各个顶棚的正投影表示；各墙面立面图以垂直各个墙面的正投影面表示，在平面图上常用符号表示各墙立面观察方向；细部以详图形式表示（参见书后所附例题）。

3. 结构施工图

结构是保证建筑安全的承重骨架。结构施工图主要表达了承重骨架类型、尺寸、使用材料和做法。主要包括：基础平面图及剖面图（不需装饰）、各楼层平面图、屋顶平面图、结构平面图（主要表示了结构构件所处的位置，在现浇结构中还表示板的配筋情况）、结构构件图（主要表示承重构件 <基础、梁、墙（柱）、板> 的截面尺寸、配筋及材料的强度等级、详图）等。

4. 给排水施工图

主要表示了给水、排水管道的布置、走向、高程位置等。主要图样有：平面图、系统图、详图及文字说明。

5. 暖通施工图

主要表示了暖气和煤气管道的布置、走向以及通风设备（如空调）的构造情况。主要图样包括：平面图、系统图及详图等。

6. 电气施工图

主要表示了电气的布置情况、室内电气设备及线路构造。图样包括：平面图、系统图、详图等。

7. 设备工艺施工图

主要表示了设备的布置情况、室内设备及线路构造。图样包括：平面图、系统图、详图等。

建筑平面图、立面图、剖面图、详图是装饰工程设计的具体对象，不然，装饰就无法在这些具体建筑构配件的表面敷设装饰材料，也就无法改变表面性能和配图涂色，无法构成形象以及造光凿影和掩饰等。预算应该且必须以这些图样作为基础。

平面图是一幢建筑的水平正投影，其中建筑底层平面图尤为重要。从平面图上可以看到建筑物的各个部位，如房间、楼梯、过道、门厅、门窗等的位置分布、大小、尺寸及相互关系，还可看出建筑物的平面外形、总长度、总宽度、墙厚和所用材料。一般来说，房屋有几层，就有几张平面图。如果其中楼层布置完全相同，则只用一张标准层图表示即可。因此房屋平面图至少应有底层平面图、标准层平面图、顶层平面图。室内地面和顶棚装饰图应用平面图表达。

至于其他专业的平面施工图，例如给排水和暖通施工图，内容主要表达了各条管线的大小、走向、位置、数量及管沟的位置等，前面已讲过，这里不再赘述。

立面图是建筑物外部形象的投影图，一般有四个立面（也有人将屋面称为第五立面）。建筑物的外部形象对城市的景观影响极大(现在有一门学科叫“城市设计”，它专门研究建筑和城市的相互影响)。建筑被誉为时代的里程碑，因为建筑能反映所在区域的政治、经济、文化、民俗等方面的情况。随着信息时代的到来，这种反映在建筑上的差异性越来越小，建筑文化趋于大同。现在，建筑外形大多反映了工业机器化的特征(信息化特征逐渐明显)，科技含量成为重要的一部分。因此，现代建筑外观受经济及科技影响很大。从立面图上，可以了解屋顶屋檐的形式、墙面情况、门窗形式、位置和数量、阳台、雨篷、墙面装饰线、图案、勒脚、散水、台阶、外柱等装饰，以及整个建筑物的体量、尺度、错落、虚实、对比、韵律、比例、色彩等。立面图分为东立面、南立面、西立面、北立面图，还可以命名为正立面、侧立面、背立面图。另一种命名方法是用第一个轴线号和最末轴线号命名立面图，如：①～⑩立面图(注：①命名时必须与平面图上的轴线号相对应；②非正南正北的建筑多用此法命名)。通常，建筑外装饰工程及室内各墙面施工图用立面图形式表达。

剖面图是沿建筑物竖向剖切并朝某方向投影的立面图。剖切符号一般表示在底层平面图上（常用Ⅰ—Ⅰ，Ⅱ—Ⅱ表示），观察方向是标注字母的一侧。从剖面图上可以看出建筑物的层数、每层的层高、房间的高度和宽度；屋面、楼层和地面的标高、构造层次、材料做法以及内部的设施。门、窗的高度、窗台的高度、门窗过梁、圈梁的位置及做法；楼梯的形式、踏步、休息平台和栏杆、扶手的构造形式及做法等；室内外墙面构造、室内吊顶及门窗等部位的构造详图通常用剖面图表达。

详图(或叫大样图)及引用的标准图，当用较小比例画的建筑某一部位的材料、做法与尺寸难以表达清楚时，往往将其用较大比例来表示。通常用比例1∶1、1∶2、1∶5、1∶10等，例如：勒脚、踢脚、窗台、窗套、窗帘盒、门套、贴脸、暖气罩、挂镜线、线角、檐口、泛水、排水口、台阶、花饰等部位。但并非所有图纸都需要绘制，工程做法中，有些习惯做法基本一致者，国家和一些省市编制了许多可供直接选用的标准图集，设计者只要在图纸上标明采用哪一个标准图的图号即可，这样就大大简化了设计工作。

目前，标准图集大致分为三种类型：①国家编制的标准图集。适用于全国。②省、市、自治区制定的标准图集。适用于本地区。③设计院内部制定的标准图集。只适用于设计院自身设计的工程项目。在向业主提供设计施工图时，应将所选图集提供给业主。

这里应进一步强调，熟悉装饰工程设计图与说明，是装饰工程预算计算工程量的基础。不熟悉施工图，就会造成工程预算不准确，重复计算，漏项计算或错算等。

第二节　装饰工程定额

一、定 额 概 述

定额时时刻刻地存在于人们的生产、流通、分配与消费、技术领域及日常生活之中，与人们的生产、生活活动息息相关。诸如各类工时消耗定额、原材料与机具消耗定额、成品与半成品储备供应定额、流动资金定额、工资标准、消费配给定额(计划经济特殊时期)、选举名额等。人们在生产与生活中的活动受定额的约束，定额是管理科学的基础，是节约社会劳动提高生产率的重要手段，是组织和协调社会化大生产的工具，是国家客观调控的依据，在实现分配效率与社会公平方面起着重大作用。

在完成单位产品生产过程中，人力、物力或资金消耗的标准额度称定额。它反映了一定时期一定社会生产力水平下的产品生产和生产消费之间的数量关系。是实行承包责任制，使管理走向现代化、科学化的必然产物。

定额编制要考虑在一定时期内相对的稳定性。它一般由国家、省、市、自治区的专门机构进行编制，经主管部门批准后生效执行，从而成为法令性文件，任何单位个人不得随意更改制定，否则，所作的预算毫无意义。

定额的基本性质是一种规定的额度，定额的种类很多，按照定额反映的物质消耗分为劳动消耗定额、机械消耗定额和材料消耗定额；按照定额编制程序和用途又分为施工定额、预算定额、概算定额和投资估算定额及指标；按照投资费用的性质又分为建筑工程定额、设备安装工程定额，其他直接费定额、现场消费定额、间接费定额、工器具定额、工程建设其他费用定额；按专业性质分为全国统一定额、行业统一定额和地区统一定额；按主编单位和管理权限分为全国统一定额、行业统一定额、地区统一定额、企业定额和补充定额。

为了适应装饰业的发展，规范装饰工程市场，1992 年建设部颁布的《全国统一建筑装饰工程预算定额》已停止使用；1993 年轻工部、国家物价局颁布了《全国室内装饰工程预算定额》。由于我国幅员广大，各省、市、自治区又在国家颁布的定额基础上，结合当地情况编制了相应的定额，以适用于各省、市、自治区。由于国内装饰工程在做法及用材上大同小异，仅在材质及人工价格方面就有很大差别，因而建设部于 1995 年又推出了《全国统一建筑工程基础定额》(土建工程) GJD - 101—95 和《全国统一建筑工程预算工程量计算规则》GJDGZ - 101—95(土建工程)，简称“基础定额”和“计算规则”，使工程量的计算更具有了通用性。各地为了贯彻执行建设部新的“基础定额”和“计算规则”，结合本地实际情况，对所在省、市、自治区的定额作了重新修正。例如：《陕西省建筑工程综合预算定额》简称“综合定额”、《陕西省建筑工程、安装工程、仿古园林工程及装饰工程费用定额》简称：“费用定额”、《全国统一机械台班定额陕西省价目表》简称：“价目表”等定额与之相互配套使用。

二、施工定额编制

施工定额的编制原则一是市场先进的施工定额水平。反映一定时期内的平均先进的劳动生产率，也反映劳动和物质的消耗水平。即施工定额水平同劳动生产率水平方向一致，与劳动消耗和物质消耗的水平呈反方向运动；其次施工定额的内容和形式应简明适用，反映施工生产的实际，做到定额项目齐全，划分粗细适当，便于定额的贯彻执行，在二者发生矛盾时，简明性应服从适应性要求；第三是以专家为主编制定额的原则，这是实践经验的总结，有一支懂施工技术、管理和实践经验的专家队伍，才能积累资料和经验，保证编制施工定额与延续性。

1. 人工消耗(劳动)定额编制

(1) 作好编制施工定额的准备工作　明确任务和指导思想，系统分析整理日常积累的定额基础资料。拟定编制定额方案，确定技术测定计划和组织技术测定工作；作好施工人员的配合工作。

(2) 拟定时间定额和产量定额　时间定额是在拟定基本工作时间、辅助工作时间、不可避免中断时间、准备与结束的工作时间及休息时间的基础上确定。

基本工作时间与定额消耗时间比重最大，应根据计时观察资料确定；辅助工作和准备与结束工作时间在整个工作班消耗时间比重较小，如这两项所占比重小于5% ~6%时可归纳为一项。

利用工时规范计算时间定额见下式：

$$工序作业时间 = 基本工作时间 \times (1 + 辅助时间\%)$$

表 2-1　　木作工程工时规范

工作项目	疲劳程度	规范时间占工作日比例						
		准备与结束时间		休息时间		不可避免中断时间		合计
		范　围	%	范　围	%	范　围	%	%
门窗框扇安装、立木楞、吊木楞、铺地楞、钉立墙板条及各式室内木装修的安钉工程	较轻	准备与收拾工具、领会任务单、研究工作、穿脱衣服、转移工作地及组长指导检查等	3.89	大小便、吸烟、喝水、擦汗、恢复疲劳的局部休息	6.25			10.14

附注：计算定额作业时间时，依照下表新列的辅助时间在各工序中相应增加。

工　作　项　目	占工序作业时间(%)	工　作　项　目	占工序作业时间(%)
磨刨刀	12.3	磨线刨	8.3
磨槽刨	5.9	锉锯	8.2
磨凿子	3.4		

假设，测定制作门框刮料，定每框边基本时间为6min，规范中磨刀时间为12.3%，其工序作业时间为：

$$6 \times (1 + 12.3\%) = 6.738(min)$$

又假设，工时规范中门框刮料的准备与结束时间占3.89%，休息时间占工作时间 8h 的 6. 25%。其定额时间为：$\frac{6.738}{1-(3.89\%+6.25\%)}=7.498(\text{min})$。

确定不可避免中断时间应区别两种情况，一种是由于小组施工人员担负任务不均衡引起的定额不予考虑，另一种是由于工艺特点引起的不可避免中断列入工作过程的时间定额内。休息时间是指工人恢复体力所必需的时间，应列入工作过程时间定额。从事不同工种和不同工作的工人疲劳程度差别很大。应根据工作轻重和工作条件好坏将各种工作分成不同的级别。如我国某地区工时规范将体力劳动分为 6 个等级，见表：

表 2－2　　疲劳程度等级划分

等级	疲劳程度	工作项目
6	最沉重	挑运标准砖、耐火砖
5	沉重	抬挑运各类瓦、砂子、石子、碎砖、混凝土、混凝土预制块、土方、预制模块组成的人字屋架、钢筋、空心砖等；挖第三类土的土方，二、三类土地槽、柱基；打灰土、打素土；夯碱、回填土打夯、拍底等
4	较重	运玻璃、水泥管，筛砂石、筛土，拌合灰浆，手推车推运，挖一、二类土方和一类土地槽、柱基等，手磨水磨石，安装普通人字屋架（跨度 14m 以内）推运混凝土、砂石等
3	中等	运炉渣、锯末、油毡、刨花板等，运灰、焖灰、修小活，绑拆外架子与里架子、砌砖墙与墙基、抹灰、贴预制水磨石板、地板安装、模板制作和安装及拆除、振捣器捣固、人力切断弯曲 16mm 以上钢筋，铸铁管及黑白铁管的吊管、托管、立管，支管的安装、铺设等
2	较轻	起钉子、直钉子、直铁条、刷洗清理，挂瓦，少量工作物的各种抹灰，贴瓷砖、面砖、马赛克，门框扇安装，人力拉直与平直钢筋，墙面、天棚刷浆，墙面、天棚喷浆，瓷活、淋浴器、汽包、泵、注水器等安装，混凝土和砖木结构中配管，预制楼板配管，瓷瓶配明线、管内穿线，木槽板配线等
1	轻便	预制构件绑扎，现场绑扎，木材面油漆，金属面油漆，抹灰面油漆，玻璃裁制、安装，水表组成、安装，灯具安装，吊扇、换气扇安装，电门插销安装，电铃安装，配电盘安装等

根据划分出疲劳程度的等级，就可以合理规定休息需要的时间见下表。

表 2－3　　休息时间占工作日比重

疲劳程度	轻便	较轻	中等	较重	沉重	最沉重
等级	1	2	3	4	5	6
占工作日（%）	4.16	6.25	8.33	11.45	16.7	22.9

确定了基本工作时间、辅助工作时间、准备与结束工作时间、不可避免中断时间和休息时间之和，就是我们编制的劳动定额的时间定额。

2. 机械消耗定额编制

（1）确定正常施工条件，主要拟定机械的工作地点、合理组织和工人编制。对施工地点机械和材料堆放位置，工人从事操作的场所作出合理的平面和空间的布置，工人编制通过计时观察，理论计算和经验资料合理确定。

（2）确定机械一小时纯工作正常生产率。确定正常生产率必须首先确定机械纯工作一小时的正常生产效率。机械纯工作时间为必需消耗时间，包括满负荷和低负荷，不可避免的无负荷工作时间和必要的中断时间。对定期重复固定工作与非工作组成部分的循环动作机械，确定机械纯工作一小时正常生产率计算公式如下：

$$\begin{matrix}\text{机械一次循环的}\\ \text{正常延续时间}\end{matrix}=\sum\left(\begin{matrix}\text{循环各组成部分}\\ \text{正常延续时间}\end{matrix}\right)-\text{交叠时间}$$

$$\begin{matrix}\text{机械纯工作一小}\\ \text{时循环次数}\end{matrix}=\frac{60\times60(\mathrm{s})}{\text{一次循环的正常延续时间}}$$

$$\begin{matrix}\text{机械纯工作一小}\\ \text{时正常生产率}\end{matrix}=\begin{matrix}\text{机械纯工作一小}\\ \text{时正常循环次数}\end{matrix}\times\begin{matrix}\text{一次循环生产的}\\ \text{产品数量}\end{matrix}$$

根据机械结构特征确定纯工作一小时正常生产率计算公式如下：

$$\begin{matrix}\text{连续动作机械纯工作}\\ \text{一小时正常生产率}\end{matrix}=\frac{\text{工作时间内生产的产品数量}}{\text{工作时间(h)}}$$

(3) 确定施工机械利用系数，指机械在工作班内对工作时间的利用率。应尽量利用不可避免的中断工作开始与结束后的时间进行机械保养维护；或作为工人休息时间；合理组织现场排除管理不善造成机械停歇及对不同工作的工人用不同的开始与结束时间等。

(4)计算施工机械定额

施工机械台班产量定额 = 机械一小时纯工作正常生产率 × 工作班纯工作时间

$$\text{或：施工机械台班产量定额}=\begin{matrix}\text{机械一小时纯工作}\\ \text{正常生产率}\end{matrix}\times\begin{matrix}\text{工作班延}\\ \text{续时间}\end{matrix}\times\begin{matrix}\text{机械正常}\\ \text{利用系数}\end{matrix}$$

根据施工机械台班产量定额，通过下列公式，可以计算出施工机械时间定额：

$$\text{施工机械时间定额}=\frac{1}{\text{机械台班产量定额指标}}$$

3. 材料消耗定额编制

施工中材料的消耗分为必须消耗和损失材料两种。必须消耗材料指在合理用料条件下生产合格产品所消耗的材料。包括直接用于装饰施工的材料、不可避免的边角废料和不可避免的材料损耗。

施工直接用料用于编制材料净用量定额标准；不可避免废料及损耗用于编制材料损耗定额标准。材料消耗定额通常用现场观察和选择技术测定和编制材料损耗定额；实验室试验和理论公式计算法编制材料净用量定额。

例如，小型花池砖砌体。

每立方米砖净用量：

$$\text{砖数}=\frac{1}{(\text{砖宽}+\text{灰缝})\times(\text{砖厚}+\text{灰缝})}\times\frac{1}{\text{砖长}}$$

计算砂浆用量：

$$\text{砂浆}(\mathrm{m}^3)=(1\mathrm{m}^3\ \text{砌体}-\text{砖数的体积})\times1.07$$

注：1.07 为砂浆实体积折合为虚体积系数。

砖和砂浆的损耗量根据现场观察资料计算，以损耗率形式表现出来。净用量加损耗量即为材料消耗总量。

三、预算定额编制

1. 首先确定预算定额的计量单位；
2. 按照典型设计图纸和资料计算工程量；
3. 编制预算定额人工工日消耗方法有两种，一种是以施工定额的人工消耗定额为基础计算。包括基本工和其他工。基本工指完成单位合格产品所必须消耗的技术工种用工；其他工包括辅助用工，超运距用工及人工幅度差。辅助用工指施工劳动定额内未包括而预算定额必须考虑的工时消耗；超运距用工指预算定额平均水平运距超过施工劳动定额规定的水平距离部分用工。人工幅度差指施工劳动定额作业时间外应在预算定额内考虑的正常条件施工发生的各种工时损失。包括各工种、工序搭接及交叉作业发生的间歇用工时间；施工机械在单位工程内部转移及临时水电线路移动造成的停顿时间；质量检查和隐蔽验收对工程的影响停工；班组转移操作地点的用工时间；工序交接时对上一工序进行的必要修整用工及施工中不可避免的其他零星用工时间等。

人工幅度差 =（基本用工 + 辅助用工 + 超运距用工）× 人工幅度差系数

第二种编制方法利用现场工作日写实法计算人工工日数量标准，主要用于施工劳动定额的缺项内容。

4. 预算材料消耗定额编制

(1)按规范要求计算定额计量单位的材料耗用量；

(2)按设计图纸尺寸计算材料净用量；

(3)根据要求条件换算得出材料用量；

(4)用试验室试验和现场观察方法计算材料用量；

(5)对新材料及新结构应用现场测定方法确定材料用量。

材料消耗量 = 净用量 ×（1 + 损耗率）

5. 预算机械台班消耗定额编制，同人工消耗定额同样有两种方法。一种是根据施工定额的机械台班，产量加机械幅度差计算确定预算定额机械台班消耗量标准；另一种用现场测定的单位时间完成产量资料为基础确定机械台班消耗量，仅用于施工定额缺项者。

预算定额机械台班消耗量 = 施工定额机械耗用台班 ×（1 + 机械幅度差率）

四、预算定额的基本组成

定额由以下几部分组成：①定额的总说明；②建筑面积计算规则；③根据工程项目编制定额分部分项工作内容。各章由说明、工作内容、工作量计算规则、定额表和附表等部分组成。

在每一章中，"说明"主要阐明使用本章定额应当注意的问题；"工作内容"简要说明主要工序的施工操作过程，对于次要工序不一定全部列出，但定额中均已作了考虑；"工程量计算规则"是编制预算计算工程量的基础，是确定直接费用的根据和最重要的组成部分。装饰工程预算确定造价是否正确，一是取决于工程量计算的正确性，二是取决于工程单价确定的正确性。因为工程预算的造价是：

工程量 × 定额单价 = 工程造价

计算工程量必须根据工程量的计算规则。对于某工程的施工图来说，工程量的多少应当是固定数值。

下表是陕西省"综合预算定额"的基本形式。

表 2-4　　　　定　额　表

定额编号			7-158	7-159	7-160	7-161
项目			硬木筒子板		五夹板筒子板	
			带木筋	不带木筋	带龙骨	不带龙骨
基价(元)			10694.06	7467.79	6567.68	3477.34
其中	人工费(元)		488.25	334.10	333.49	155.17
	材料费(元)		10034.73	7051.21	6094.73	3306.51
	机械费(元)		171.08	82.48	139.46	15.69
名称	单位	单价	数量			
人工工日	工日	20.31	24.04	16.45	16.42	7.64
木材干燥(费)	m^3	–	(4.52)	(3.22)	(1.915)	(0.615)
规格料	m^3	2102.57	4.52	3.22	1.915	0.615
圆钉	kg	5.70	23.23	8.33	23.27	8.33
石油沥青卷材	m^2	3.00	59.20	59.20	33.39	59.20
五合板	m^2	16.50	–	–	105.00	105.00
其他材料费	元	1.00	221.10	55.85	103.00	55.85

定额编号			7-278	7-279	7-280	7-281
项目			吸音板面层(每块面积 $0.3m^2$ 内)	木方格吊顶	柚木	
					送风口	回风口
			钉在木龙骨上		10个	
基价(元)			3870.64	22828.41	112.73	159.12
其中	人工费(元)		108.86	314.81	30.47	34.53
	材料费(元)		3753.80	22307.75	82.26	124.59
	机械费(元)		7.98	205.85	—	—
名称	单位	单价	数量			
人工工日	工日	20.31	5.36	15.50	1.50	1.70
木材干燥(费)	m^3	—	—	(1.801)	—	(0.014)
多孔吸音板	m^2	36.00	104.00	—	—	—
圆钉	kg	5.70	1.72	2.59	—	1.00
规格料	m^3	2102.57	—	1.801	—	0.014
不锈钢管	t	24750.00	—	0.719	—	—
铁件	kg	2.89	—	28.00	—	—
XY—401 胶	kg	13.00	—	3.72	—	—
金属膨胀螺栓	套	1.20	—	149.00	—	—
毛六角螺栓	千个	1356.67	—	0.297	—	—
柚木风口	m^2	56.25	—	—	1.44	1.44
镀锌自攻螺钉	千只	28.56	—	—	0.044	0.044
其他材料费	元	1.00	—	—	—	7.20

五、定额举例

现以《陕西省建筑工程综合概预算定额》第十章“装饰工程”为例，介绍定额的各部分。

（一）说明

（1）本章共分一般抹灰；装饰抹灰；裱糊、软包、涂料；油漆；镶嵌块料面层；墙面饰面；隔墙隔断；天棚；零星工程共九节。

（2）上述各节按目前建筑市场施工情况，将定额子目划分为有基层和无基层两种类型，供不同施工情况时使用。

（3）定额凡注明了砂浆种类、配合比和厚度者，如与设计不同时允许换算，但人工、机械费不予调整。

（4）定额选用的块材是综合了不同规格后以平方米计算的，实际采购价与定额价之差做差价处理。

（5）定额中的施工方法已综合各种不同的情况，不论实际采用何种施工方法均不得调整。

（6）定额中的水刷石、斩假石、水磨石子目中的白石子浆面层是按使用普通硅酸盐水泥考虑的，如使用白水泥可等量换算；如面层为加色粉普通硅酸盐水泥时，色粉按面层水泥量的3%计算；如白水泥做面层材料时，色粉按面层水泥用量的1.5%计算；如采用彩色石子时，可等量换算定额中的白石子量。

（7）圆弧形、锯齿形、不规则形墙面，按相应子目人工乘1.5系数，机械不予换算。

（8）零星项目系指各种壁柜、碗柜、书柜、过人洞、池槽、花台、天沟、栏杆、暖气窝、立面高度在500mm以内的栏板、遮阳板、挑檐以及单体面积在$1m^2$以内的各种零星项目。

（9）立面高度大于500mm的栏板、遮阳板、挑檐分别按相应楼面子目人工乘以1.4系数，材料乘以1.35系数执行。

（10）外墙面一般抹灰中综合考虑了嵌条与分格工料因素，使用时不得换算。

（11）一般抹灰和装饰抹灰的装饰线条，适用于展开宽度在300mm以内的腰线、窗台板、门窗套、压顶、扶手、竖横线条等项目。展开宽度超过300mm者，执行零星项目。

（12）一般抹灰每增加1mm厚的子目，是按不同配合比的砂浆综合考虑的，使用时不得按实换算。

（13）构造柱、圈（过）梁、框架柱、梁的表面抹灰和镶贴，如果梁、柱面与墙面在同一平面时，其装饰执行墙面相应子目，如果柱面和墙面不在同一平面时，梁、柱面装饰应单独执行梁、柱面相应子目。

（14）定额子目中已考虑了预制构件的剁毛清理因素，不论何种情况均不得再计算此项费用。

（15）涂料设计涂刷遍数与定额不符时，按每增减一遍子目做调整。

（16）水质涂料系指106、耐擦洗、钢化、防水、防火、水性绒面及803涂料等。

（17）各种装饰纸（布）、软包面料、涂料、油漆饰面面层材料、幕墙、龙骨、隔断、隔墙等材料均按综合材料预算价格和综合数量计入了材料费,实际购买价与定额价之差做差价处理。

(18)隔墙(间壁)、隔断定额子目内、凡未包括有压条下部收边、装饰线(板)的,如果设计有要求者,按装饰线相应定额套用。

(19)幕墙、隔墙(间壁)、隔断天棚龙骨所用的轻钢铝合金龙骨、玻璃规格材质,如设计要求与定额用量和规格不同时,数量规格差引起的差价做价差处理。

(20)玻璃幕墙上如设计有平、推拉窗者,计算幕墙面积时,应扣除窗洞口面积,其平、推拉窗按相应的门窗定额子目套用。

(21)天棚骨架及面层分别列项,对于二级及二级以上的造型天棚(见22条),面层人工乘以1.3系数。

(22)轻钢龙骨和铝合金龙骨定额子目中为双层结构(即中小龙骨紧贴大龙骨底部吊挂),如使用单层结构时(大中龙骨底面在同一水平上),则扣除定额内小龙骨及小龙骨相应配件数量。人工——级天棚由双层结构改为单层结构时,轻钢龙骨、铝合金龙骨乘0.83系数;二、三级天棚,相应轻钢龙骨乘0.87系数,铝合金龙骨乘0.84系数(天棚面层在同一标高者为一级天棚,天棚面层不在同一标高且每一高差在200mm以上者为二、三级天棚)。不上人型天棚骨架改为全预埋时,人工增加0.97工日/100m^2,减去定额中射钉含量,增加吊筋用量30kg/100m^2。

(23)骨架、面层防火处理套用涂料油漆相应子目。

(24)招牌基层:

①平面招牌是指安装在门前墙面上的招牌。箱体招牌、竖式标箱是指六面体固定在墙体上的招牌。设雨棚、檐口、阳台走向立式招牌,套用平面招牌复杂项目。②一般招牌和矩形招牌是指正立面平整无凸出面,复杂招牌和异形招牌是指正立面有凸起或造型。招牌的灯饰均不包括在定额内。③招牌面层套用相应的面层项目,其人工乘以0.8系数。

(25)美术字安装:①美术字不分字体均执行本定额。②其他面指铝合金扣板面、钙塑板面等。

(26)压条、装饰条以成品安装为准。

(27)干挂大理石子目也适用于其他石材使用,只等量换算石材数量,其余不换算。有基层、无基层粘贴大理石子目也适用于其他石材使用,换算方法同前。

(二)工作内容

(1)抹灰工程:包括原材料加工、砂浆搅拌运至操作地点、堵脚手眼、清理基层、抹护角线、割缝起线、洒水湿润、刷107胶素水泥浆、分层抹灰、找平、罩面、起线拍平、压光、养护、清扫落地灰。

(2)软包:包括定位、下料、打眼剔洞、埋木砖、油毡防潮层、安装木龙骨、钉夹板、刷防火涂料、填充垫层、贴或钉面层、钉条及清理等全过程。

(3)油漆、涂料、壁纸、裱糊:包括原材料运输,成品配置,清扫灰土、污迹,打磨底面,刮腻子,刷几遍油漆、涂料,水质涂料还包括配浆、喷、刷浆成活,贴壁纸还包括撕缝、刷胶、粘贴等全部工序。

(4)挂贴块料:包括调制砂浆、清理基层、钻孔成槽、安铁件(螺栓)挂块料、磨光、打蜡、擦缝及养护。

(5) 粘贴块料有基层为一次成活：包括清理基层调运砂浆、打底、刷浆镶贴（粘贴）块料面层、砂浆勾缝磨光、擦缝、打蜡养护。无基层（只含面层）包括：刷浆镶贴块料面层、砂浆勾缝磨光、打蜡养护。

(6) 铝合金玻璃幕墙、玻璃隔断：包括型材矫正、下料、钻孔、安装框料、玻璃配件、周边塞口清扫。

(7) 玻璃砖墙：包括砌玻璃砖墙、木垫块粘接、钢筋绑扎、砌体表面清理、勾缝、封边等。

(8) 活动塑料隔墙：包括裁割路轨、安装路槽、塑料隔断。

(9) 石棉板墙：包括制作安装立柱、横撑、钉面板、刷防腐油。

(10) 护壁板：包括定位弹线、铺设木梁、安装护壁板、镀锌铁皮面层咬口、焊接。

(11) 镜面玻璃、激光玻璃饰面、木龙骨基层：包括下料剔洞、埋木砖、安装木龙骨、钉夹板贴面层、钉压条、刷防腐油、铺油毡、配安玻璃、清理玻璃面、防火涂料三遍。

(12) 水泥砂浆基层：包括清理基层、调运抹水泥砂浆贴面层、钉压条等。

(13) 在夹木板上或砂浆面粘贴：包括贴面层、钉压条等。

(14) 墙柱面饰面包括：安装木龙骨、铺装夹板、面层材料。

(15) 轻钢龙骨、铝合金龙骨吊顶：包括吊件加工、安装、安装龙骨及横撑附件、灯箱、风口、封边、整体调整。

(16) 采光天棚：包括安装骨架、放胶垫、装玻璃。

(17) 招牌：包括放样、裁料、组装、焊接成品、安装成型。

(18) 美术字：包括钻凿墙眼、斩木榫、拼装字样、成品校正、安装。

(19) 压条、装饰条：包括下料、钻孔、加榫、刷胶及安装。

(20) 铝合金钢板暖气罩：包括铁件制作、安装面板和框、装配成品、固定矫正。

(21) 大理石洗漱台：包括铁件制作安装、铺钢板网、钻孔加榫、水泥砂浆底镶贴大理石板等。

(22) 金属帘子杆、毛巾杆：包括钻孔、加榫、固定等。

综上所述，编制装饰工程预算必须了解施工过程、做法及所用材料，其目的是为了选择合适的定额子目。

(三) 工程量计算规则

1. 抹灰

(1) 外墙抹灰　外墙抹灰面积按不同部位、不同抹灰种类及尺寸以图示展开面积计算（系指定额未指明套用其他抹灰子目的），计算时应扣除窗洞口和空圈所占的面积，不扣除 0.3m^2 以内的孔洞面积，门窗洞口及空圈侧壁也不增加。

外墙裙抹灰面积的计算和扣除方法同外墙面。

(2) 内墙抹灰　内墙面、墙裙抹灰长度以墙之间的图示尺寸计算。其高度规定如下：①无墙裙的，其高度按室内地面或楼面至天棚底面之间距离计算。②有墙裙的，其高度按墙裙上平至天棚底面之间距离计算。③钉板天棚的内墙抹灰，其高度按室内地面或楼面至天棚底面之间距离另加 100mm 计算。④内墙裙抹灰其高度按墙裙的实际高度计算。

内墙面抹灰面积，应扣除门窗洞口和空圈所占的面积，不扣除踢脚板、挂镜线、0.3m² 以内的孔洞和墙与构件交接处的面积，洞口侧壁和顶面也不增加。墙垛和附墙烟囱侧壁面积与内墙抹灰工程量合并计算。

内墙裙抹灰面积，应扣除门窗洞口和空圈所占面积，门窗洞口和空圈的侧壁面积不另增加，墙垛、附墙烟囱侧壁面积并入墙裙抹灰面积内计算。

(3)天棚抹灰

①天棚装饰面积，按主墙间实际面积计算。不扣除间壁墙、检查口、附墙烟囱、附墙垛和管道所占面积，应扣除独立柱及天棚相连的窗帘盒所占面积。带梁天棚、檐口抹灰天棚、带梁天棚梁两侧的抹灰按展开面积计算，并入相应抹灰天棚面积内。

②天棚中的折线、跌落等圆弧形、拱形、高低带、灯槽或艺术形式天棚按展开面积计算，执行相应天棚定额子目。

③天棚抹灰带有装饰线者，应根据装饰线定额按延长米计算，天棚抹灰的面积不扣减。

④预制板底勾缝按水平投影计算，凡预制板底抹灰者，不计算板底勾缝。

(4)其他抹灰

①栏板抹灰，栏板按垂直投影面积乘以系数 2.2(包括立柱、扶手或压顶等)，以平方米计算，栏板中间有空档(200mm 以内)，空档部分不扣减。内外抹灰不同时，应分别计算。

②阳台底面抹灰按水平投影面积计算并入相应天棚内，以平方米计算。阳台带悬臂梁者，其工程量乘 1.3 系数。

③雨篷顶面抹灰按水平投影面积，执行楼地面定额子目，底面抹灰按水平投影面积计算并入相应天棚面积内，底面带悬臂梁者，其工程量乘以系数 1.2。

④墙面勾缝按垂直投影面积计算，应扣除墙裙和墙面抹灰的面积，不扣除门窗洞口、门窗套腰线等零星抹灰所占面积。附墙柱和门窗洞口侧面的勾缝面积亦不增加。独立柱、房上烟囱勾缝按图示尺寸以平方米计算。

⑤独立柱、附墙柱、梁的一般抹灰和装饰抹灰按设计图示尺寸长(或断面周长)乘以高度以平方米计算。

⑥女儿墙抹灰执行相应墙面抹灰定额规定。

2. 裱糊、软包

按图示尺寸以实铺面积计算，但不扣除 0.3m² 以内的孔洞和墙与构件交接处面积。

3. 涂料及抹灰面油漆

按相应的楼地面、天棚面、墙面、梁柱面等的抹灰面积计算规则执行。

4. 木材面油漆、金属面油漆(见表 2-5、表 2-6 系数)

5. 镶贴块料面层饰面、幕墙、隔墙、隔断及零星装饰

(1)柱面、墙面粘镶贴块料面层均以图示尺寸按实铺面积计算。

(2) 墙面墙裙贴块料面层，高度在 300mm 以内者，按楼地面中的踢脚板子目执行。

(3)玻璃隔墙,高度按上横档顶面至下横档底面,宽度按两边立梃外边以平方米计算。

(4)铝合金隔墙、幕墙均以框外围面积计算。

(5)上述以外的饰面工程均以实铺面积计算。

(6)天棚面层按主墙间实铺面积以平方米计算,不扣除间壁墙、检查洞、附墙烟囱、柱垛和管道所占面积,但应扣除独立柱及与天棚相连的窗帘盒所占面积。

(7)天棚中的折线、跌落等圆弧形、拱形、高低吊灯槽及其他艺术形式天棚面层均按展开面积计算。

(8)零星装饰中的扶手带栏板、栏杆按延长米计算。

(9)平面面积招牌基层,按正立面面积计算,复杂形凸凹造型部分不增减。

(10)沿雨篷、檐口或阳台走向的立式招牌基层按外围体积计算,突出箱外的灯饰、店徽及其他艺术装潢等另行计算。

(11)美术字的安装按字的最大外围面积计算。

(12)暖气罩包括支脚的高度在内,按边框外围尺寸垂直投影面积计算。

(13)其他安装项目按所示计算单位计算。

(14)使用清水模板施工的混凝土构件表面不需要再做装饰抹面时,再套用一次水泥砂浆抹面定额,以弥补清水模板加工的增加费用部分。

表2-5　　木材面油漆工程量系数表

	项目名称	系数	工程量计算方法
门	单层木门	1.0	按单面洞口面积
	双层木门(一板一纱)	1.36	
	双层木门(单裁口)	2.0	
	单层全玻璃门	0.83	
	木百叶门	0.25	
	厂库木门	1.10	
窗	单层玻璃窗	1.0	按单面洞口面积
	双层窗(一玻一纱)	1.36	
	双层窗(单裁口)	2.0	
	三层窗(二玻一纱)	2.6	
	单层组合窗	0.83	
	双层组合窗	1.13	
	木百叶窗	1.5	
木扶手(不带托板)	木扶手(不带托板)	1.0	按延长米计算
	木扶手(带托板)	2.6	
	窗帘盒	2.04	
	封檐板、顺水板	1.74	
	挂衣板、黑板框	0.52	
	挂镜线、窗帘棍	0.35	

续表

	项 目 名 称	系 数	工程量计算方法
其他木材面	木板、纤维板、胶合板	1.0	长×宽
	天棚、檐口、清水板条天棚、檐口	1.07	
	木方格吊顶天棚	1.20	
	吸音板、墙面、天棚板	0.87	
	鱼鳞板墙	2.48	
	木护墙、墙裙	0.91	
	窗台板、筒子板、盖板	0.82	
	暖气罩	1.28	
	木间壁、木隔断	1.9	单面外围面积
	玻璃间壁露明墙筋	1.65	
	木栅杆、木栏杆(带扶手)	1.82	
	衣柜、壁橱	0.91	投影面积(不展开)
	零星木装饰	0.87	展开面积
木地板	木地板、木踢脚线	1.0	长×宽
	木楼梯(不包括底面)	2.3	水平投影面积

表 2-6　金属面油漆工程量系数及其他金属面工程量系数表

	项目名称	系数	定额工程量计算规则
单层钢门窗	单层钢门窗	1.0	洞口面积框(扇)外围面积
	双层钢门窗(一玻一纱)	1.48	
	百叶钢门	2.74	
	半截百叶钢门	2.22	
	满钢门或铁皮门	1.63	
	钢折叠门	2.30	
	射线防护门	2.96	框(扇)外围面积
	厂库房平开、推拉门	1.70	
	铁线网大门	0.81	
其他金属面工程量系数	钢栅栏门、栏杆、窗栅	1.71	重量(t)
	踏步式钢扶梯	1.05	
	零星铁件	1.32	

下面以硬木窗台板、水泥砂浆抹灰为例，介绍装饰工程定额表的基本情况。它是施工经验及现时施工水平、材料价格总结的综合反映。

项目：木装修及其他（为装饰工程名称）

表 2－7　　装饰工程定额表　　单位：$100m^2$

定额编号			7－155	7－156	7－157
项　目			硬木窗台板		
			厚 25mm	厚 30mm	厚 40mm
基　价(元)			8523.84	9646.46	11910.99
其中	人工费(元)		424.48	433.01	440.93
	材料费(元)		7975.39	9071.75	11321.11
	机械费(元)		123.97	141.70	148.95
名　称	单位	单价	数　量		
人工工日	工日	20.31	20.90	21.71	21.71
木材干燥(费)	m^3	—	(3.732)	(4.213)	(5.272)
规　格　料	m^3	2102.57	3.732	4.213	5.272
圆　钉	kg	5.70	17.00	11.60	14.80
其他材料费	元	1.00	31.70	147.50	152.00

表中定额编号：7－155　　单位：$100m^2$

项目：硬木窗台板　厚 25mm

基价(元)：　8523.84(元) = 人工费 + 材料费 + 机械费 = 424.48 + 7975.39 + 123.97

其中：　人工费(元) = 定额单位人工工日数量 × 定额单位工日单价

424.48(元) = 20.90 × 20.31

材料费(元) = 定额单位规格料数量 × 定额单位规格料单价 + 定额单位圆钉数量 × 定额圆钉单价 + 其他费用

7975.39(元) = 3.732 × 2102.57 + 17 × 5.7 + 31.7

项目：水泥砂浆

表 2－8　　装饰工程定额表　　单位：$100m^2$

定额编号			10－45	10－46	10－47
项　目			水泥砂浆		
			现浇混凝土	预制混凝土	
			天棚面抹灰		板底勾缝
基　价(元)			720.89	830.97	122.25
其中	人工费(元)		400.31	444.38	105.61
	材料费(元)		294.32	355.79	15.69
	机械费(元)		26.26	30.80	0.95
名　称	单位	单价	数　量		
人工工日	工日	20.31	19.71	21.88	5.20
1:2.5 水泥砂浆	m^3	—	(0.718)	(0.82)	—
1:3 水泥砂浆	m^3	—	(1.01)	(1.233)	—
107 胶素水泥浆一道	m^3	—	(0.101)	(0.101)	—
1:2 水泥砂浆	m^3	—	—	—	(0.065)

续表

定额编号			10-45	10-46	10-47
名　称	单位	单价	数　量		
硅酸盐水泥 425#	kg	0.26	907.97	1047.53	35.82
净　砂	m^3	25.00	1.80	2.14	0.06
107 胶	kg	2.00	3.54	3.54	—
水	m^3	1.24	1.10	1.37	0.06
火　碱	kg	3.00	—	5.45	—
其他材料费	元	1.00	4.80	4.80	4.80

项目:水泥砂浆抹灰(为装饰工程的名称)

表中定额编号:10-45。即定额第十章第45个子目。

单位:$100m^2$。

项目:水泥砂浆(抹灰),抹在天棚现浇混凝土面上。

基价(元)=人工费(元)+材料费(元)+机械费(元)

720.89(元)=400.31+294.32+26.26

其中:人工费:400.31元

人工费=定额单位人工工日数量×定额单位工日单价

即400.31(元)=19.71×20.31

材料费:294.32(元)

材料费=425#硅酸盐水泥数量(kg)×定额单位425#硅酸盐水泥单价(元)+定额单位净砂数量(m^3)×定额单位净砂单价(元)+定额单位107胶数量(kg)×定额每公斤单价(元)+定额单位水的数量(m^3)×定额水单价(元)+定额单位其他材料数量×定额单··元)

即294.32(元)=907.97×0.26+1.8×25.00+3.54×2+1.1×1.24+4.80×1.0

机械费:26.26(元)

如果图样上的要求与定额完全一致，根据工程量大小套用定额的基价，即可得到该子目的预算价格。如：※※百平方米×基价=子目预算价格。如与图样不同,则需进行换算。

例:某工程墙面水泥砂浆抹灰工程量为$350/100m^2$,其预算价格是:查10-45子目,基价为720.89元,

预算价格=720.89×350/100=2523.12(元)

通过该表还可求得每百平方米所需人工工日,水泥砂浆抹灰所用各种材料用量、定额价格、机械用量及费用。

六、预算定额的使用方法

要想熟练地运用预算定额编制施工图预算，预算人员必须掌握装饰工程定额。首先熟悉定额的总说明、各章节说明、工作及工程量计算规则。对其编制原则、依据、适用范围,哪些是已考虑的因素,哪些是未考虑的因素,以及其他有关问题的说明和使用方法。这些需要反复实践才能掌握。这里要强调的是，首先要熟记工程量计算规则和所使用的单位要与定额一致；

其次要熟悉施工图。只有这样，在编制预算过程中，才能保证正确计算各个项目的工程量，正确套用各种定额，避免错套、重套和漏套定额。

如陕西省建筑工程综合概预算定额的使用一般有三种情况：一是直接套用定额；二是预算定额的换算；三是预算定额的补充。现分述如下：

(一)直接套用定额

这种情况是在施工图设计要求与定额内容完全符合时，工程量计量单位与定额计量单位一致，可直接套用定额。

例 1　外砖墙面水泥砂浆抹灰，18mm 厚，现砖墙面积为 215m^2，计算工程直接费。

表 2－9　　陕西省建筑工程综合概预算定额

定额编号			10－48	10－49	10－50
项目			水泥砂浆		
			外砖墙面	外混凝土墙面	外加气混凝土或硅酸盐墙面
			18mm 厚	16mm 厚	20mm 厚
基价(元)			894.55	936.92	951.33
其中	人工费(元)		478.71	505.72	507.55
	材料费(元)		385.21	403.25	409.91
	机械费(元)		30.63	27.95	33.87
名称	单位	单价	数量		
人工工日	工日	20.31	23.57	24.90	24.99
6 厚 1:2.5 水泥砂浆	m^3	—	(0.693)	(0.693)	(0.693)
12 厚 1:3 水泥砂浆	m^3	—	(1.385)	—	—
107 胶素水泥浆一道	m^3	—	—	(0.105)	—
10 厚 1:3 水泥砂浆	m^3	—	—	(1.154)	(1.154)
4 厚 1:1:6 水泥石灰砂浆(掺水泥量 5%107 胶)	m^3	—	—	—	(0.462)
硅酸盐水泥 425$^{\#}$	kg	0.26	895.65	960.03	895.65
净砂	m^3	25.00	2.16	1.921	2.40
石灰膏	kg	0.09	—	—	100.72
规格料	m^3	2102.57	0.041	0.041	0.041
水	m^3	1.24	6.88	6.816	7.12
107 胶	kg	2.00	—	3.68	4.67
其他材料费	元	1.00	3.60	3.60	3.60

解：查“陕西省建筑工程综合概预算定额”(以下均采用该定额，并说明定额的套用方法)，定额编号：10－48(见表 2－9)，水泥砂浆外砖墙面 18mm 厚，100m^2 基价 894.55 元，该砖墙工程量为 215/100＝2.15(按 100m^2 为单位)，即工程项目直接费为：

$$工程量 \times 基价 = 直接工程费$$

$$2.15 \times 894.55 = 1923.28(元)$$

从 10－48 子目中，可以求得人工费、材料费、机械费。即：

$$人工费 = 工程量 \times 人工费定额单价$$

1029.23(元)=2.15×478.71

材料费=工程量×材料费定额单价

828.20(元)=2.15×385.21

机械费=工程量×机械费定额单价

65.85(元)=2.15×30.63

所需人工工日=工程量×定额单位工日

50.68(工日)=2.15×23.57

材料用量在《全国统一建筑工程基础定额》中有的需要换算，在《陕西省建筑工程综合概预算定额》中直接给出了材料用量及材料单价，对工料分析及材料价格换算时，使用更为方便些。

硅酸盐水泥425#用量(kg)=工程量×定额单位用量(查表2-6)

1925.65(kg)=2.15×895.65

水泥所需费用(元)=水泥用量×水泥定额单价

500.67(元)=1925.65×0.26

净砂用量(m^3)=工程量×定额单位用量

4.65(m^3)=2.15×2.16

净砂所需费用(元)=净砂用量×净砂定额单价

116.25(元)=4.65×25

规格料用量(m^3)=工程量×定额单位用量

0.088(m^3)=2.15×0.041

规格料所需费用(元)=规格料用量×定额单价

185.03(元)=0.088×2102.57

水用量(m^3)=工程量×定额单位用量

14.79(m^3)=2.15×6.88

水费(元)=水用量×定额单价

18.34(元)=14.79×1.24

其他材料费(元)=工程量×定额单位费用

7.74(元)=2.15×3.6

(二)预算定额的换算

确定某一工程项目的单位预算价格时，如果工程项目要求与定额内容不完全相符时，应按定额中的有关规定，在允许范围内进行换算。定额中不允许换算时，则不得换算。这些换算包括：强度等级换算、材料单价换算、抹灰或材料厚度的换算、重量换算和利用某些系数换算等。举例如下：

1. 厚度换算

在定额中，由于装饰工程多数是二次装饰，所以定额中给出了《砂浆厚度调整及分格嵌缝》抹灰面每增减1mm厚的定额子目，以便当设计抹灰厚度与定额抹灰厚度不符时进行调整换算。

例2　在例1中的抹灰厚度为18mm，如抹灰为20mm时，计算工程量直接费。

解：　查定额10-119，抹灰每增减1mm厚的水泥砂浆，基价为28.97元，现抹灰厚增加2mm，所以基价费增加了28.97×2=57.94(元)。

20mm厚砖墙水泥砂浆抹灰每100m^2的基价为：

$$894.55 + 57.94 = 952.49\text{(元)}$$

例 1 中的工程量为 215/100，则 215m^2 工程项目直接费为：

$$2.15 \times 952.49 = 2047.85\text{(元)}$$

2. 材料单价换算

在定额中，材料单价是在某时间段内给定的预算价，实际材料价随着市场情况而变化，这样材料的实际采购价与预算价出现了价差，价差的确定和计算，直接影响到工程造价和业主与承包商的切身经济利益，故应充分予以重视。

定额中，材料价差允许换算时，才可换算。价差可分为二类：一类为单价计算价差的材料（为单价价差材料）；另一类为统一在调价系数中处理的价差材料。

例 3　如市场中购买的地砖为 500×500mm^2，40 元/m^2。试计算该地面的 100m^2 的材料费。

解：　查定额 8-80，地砖周长在 2000mm 以内时，单价为 34 元/m^2，材料费为 3933.94 元。换算如下：

$$3933.94 + (40 - 34) \times 400 = 6339.9\text{(元)}$$

（400 即每 100m^2 用 400 块地砖）

这样可以获得制作该地面的预算价格。

如用调价系数处理价差材料，其调价系数按当地工程造价管理机构公布的调价系数进行计算。

$$\text{价差} = (\text{调价系数} - 1) \times \text{项目直接费}$$

3. 利用系数进行换算

在定额中，由于施工条件和方法不同，影响预算价值，可利用系数进行换算。

例 4　木暖气罩油漆工程量的计算为：

$$\text{暖气罩工程量}(m^2) = 1.28(\text{系数}) \times \text{长} \times \text{宽}$$

工程量的变化当然就会引起预算价格的变化。

上式中的系数为 1.28，可从“其他木材面油漆工程量系数表”（表 2-5）中查得。

还有其他方面的换算，定额中允许和不允许换算的项目都有所规定，编制预算时必须遵守。

（三）预算定额的补充

当设计图中的项目，在定额中没有时，可以作临时的补充。

一般补充的方法有二种。一是定额代用法，其原理是：利用性质相似，材料大致相同，施工方法又很接近的定额项目，考虑采用估算或采用一定系数进行计算。应用此种方法一定要在施工实践中加以观察和测定。同时，也为今后新编定额、补充定额项目作准备。二是补充定额法，其原理是：材料用量按照图样的构造作法及相应的计算公式计算，并加入规定的或预估的损耗率。人工及机械台班使用量，可用劳动定额、机械台班定额及类似定额计算，并经有关技术、定额人员和工人讨论决定。然后乘以人工工资标准、材料预算价格及机械台班费，就可得到补充定额。例如，陕西省建设厅为适应装饰工程预算的需要，对定额作了补充。见表 2-10。

表 2-10　　　　补 充 定 额　　　　单位：100m^2

定额编号			补 7-6	补 7-7	补 7-8	补 7-9	补 7-10
项　目			榉木面层				大芯板基层
			门套及贴脸	包门扇	窗套及贴脸	墙裙	复合木地板
			木龙骨		木龙骨		
基　价(元)			7560.56	7354.62	8440.55	6361.37	29193.95
其中	人工费(元)		1232	1050.03	1848	1108.72	791.89
	材料费(元)		5800.55	5854.62	5800.55	4777.45	27873.95
	机械费(元)		528	449.97	792	475.20	528.11
名　称	单位	单价	数　量				
人工工日	工日	20.31	60.66	51.70	90.99	54.59	38.99
榉木板	m^2	23.5	105	220	105	105	
白乳胶	kg	6	45	90	45	63	
木龙骨 30×40	m	0.9	1193		1193	90	
五合板	m^2	16.5	105		105	105	
圆钉	kg	5.7	10.5	16.6	10.5	8.5	
木龙骨 50×40	m	2.2					861
大芯板	m^2	36.95					105
复合木地板	m^2	160					105
防虫粉	kg	500					10
钢钉	kg	12.7	10		10		
其他材料费	元		70	50	70	70	300

预算定额的补充，在装饰工程预算中是会经常遇到的，这是因为装饰工程业及装饰材料业在我国日益兴旺发展，施工方法日新月异，而相应定额需要不断补充，才能适应装饰工程预算的发展需要。

第三节　现行的取费定额及其标准

应用建筑工程综合概预算定额的结果，可以得到人工费、材料费、机械费以及单位工程量条件下的各种材料用量，为计算工程直接投资及人工、实物量提供了计算依据，即为计算直接费提供了依据。实际上，在装饰工程过程中，还有其他方面的开支，这就需要研究装饰工程的费用组成。

装饰工程预算费用同其他建筑工程预算费用组成一样，也是由直接费、间接费、税金和计划利润四部分费用组成。

各地都根据当地的情况，制定了装饰工程费用定额，如陕西省制定了《陕西省建筑工程、仿古园林工程及装饰工程费用定额》。费用定额一般由说明、定额和附表组成。各地费用定额大同小异。分述如下：

一、直接工程费

直接工程费由直接费、其他直接费、现场经费组成。

（一）直接费

直接费是直接用于装饰工程上的费用，它由人工费、材料费、机械费和其他直接费用组成。

1. 人工费

是指为从事建筑装饰工程施工的生产工人开支的各项费用。包括：①生产工人的基本工资。②生产工人的工资性补贴，指按规定标准发放的物价补贴、煤及煤气补贴、交通费补贴、住房补贴、流动施工补贴、地区津贴。③生产工人的辅助工资，指生产工人年有限施工天数以外，非作业天数的工资。包括职工学习和培训期间的工资；探亲、调动工作和休假期间的工资；因气候影响停工的工资；女工哺乳期间的工资；六个月以内的病假工资及婚、产、丧等假期间的工资。④职工福利费，指按规定标准计提的职工福利费。⑤生产工人的劳动保护费，指按规定标准发放的劳动保护用品购置费及修理费，徒工服装补贴、防暑降温费及在有碍人身健康环境下施工的保健费用。

现将陕西省Ⅱ类工程人工工日单价组成分列如表 2－11，以供参考。

表 2－11　　　　单位：元

内容 \ 项目	生产工人的基本工资	生产工人的工资性补贴	生产工人辅助工资	职工福利费	生产工人劳动保护费	合　计
人工工日单价组成	11.87	3.85	1.60	2.08	0.91	20.31

2. 材料费

是指为完成该装饰工程所耗用的构成工程实体的原材料、辅助材料、构配件、零件、半成品的费用和周转使用材料的摊销或租赁费。此项费用包括：①材料原价或供应价；②供应部门手续费；③包装费；④将材料运至工地仓库或指定堆放地点的运输费、装卸费及途耗；⑤采购及保管费。

3. 施工机械使用费

是指使用施工机械作业所发生的机械使用费以及机械安、拆和进出场费用。其中包括：①折旧费；②大修费；③维修费；④安拆费及场外运输费；⑤燃料动力费；⑥人工费；⑦运输机械养路费；车船使用费及保险费。

（二）其他直接费

其他直接费是指直接费以外施工过程中发生的其他费用。包括：

(1)冬季、雨季施工增加费。

(2)人均夜间施工增加费。

(3)二次搬运费。

(4) 生产工具使用费：是指施工生产所需的不属于固定资产的生产工具及检验、试验用具等的购置、摊销和维修费以及支付给工人自备工具的补贴费。

(5) 检验试验费：是指对建筑材料、构件和建筑安装物进行一般鉴定、检查所发生的费用，包括自设试验室进行试验所耗用的材料和化学药品等费用，以及技术革新和研究试制试验费。

(6)工程定位复测、工程点交、场地清理等费用。

(三)现场经费

现场经费是指为施工准备、组织施工生产和管理所需的费用。其内容包括:

1. 临时设施费

临时设施费是指施工企业为进行建筑工程施工所必须的生活和生产使用的临时建筑物、构筑物和其他临时设施费用等。

临时设施包括:临时宿舍、文化福利及公用事业房屋与构筑物、仓库、办公室、加工厂(场、棚)以及规定范围内的临时道路(不包括吊装专用道路)、便桥以及为了安全及市容等特殊要求而搭设的建筑物围护用荆笆、各种围墙和施工用临时性水、电及其他动力管线等临时设施和小型临时设施。

临时设施费用包括:临时设施的搭设、维修、拆除费或摊销费。

2. 现场管理费

内容包括:①现场管理人员的基本工资、工资性补贴、职工福利费、劳动保护费等。②办公费:是指现场管理用的文具、纸张、账表、印刷、邮电、书报、会议、水电、烧水和集体取暖(包括现场临时宿舍取暖)用煤、气等费用。③差旅交通费:是指职工因公出差期间的旅费、住勤补助费、市内交通费及误餐补助费、职工探亲路费、劳动力招募费(职工离退休、退职一次性路费)、工伤人员就医路费、工地转移费以及现场管理使用的交通工具的油料、燃料、养路费及牌照费。④固定资产使用费:是指现场管理及试验部门使用的属于固定资产的设备、仪器等的折旧、大修理、维修费或租赁费。⑤工具用具使用费:是指现场管理使用的不属于固定资产的工具、器具、家具、交通工具和检验、试验、测绘、消防用具等的维修和摊销费。⑥保险费:是指施工管理用财产、车辆保险、高空、井下、海上作业等特殊工种安全保险等费用。⑦工程保修费:是指工程竣工交付使用后,在规定保修期间内的修理费用。⑧工程排污费:是指施工现场按规定交纳的排污费用。⑨其他费用。

二、间接工程费

间接工程费由企业管理费、财务费和其他费用组成。

(一)企业管理费

企业管理费是指施工企业为组织施工生产经营活动所发生的管理费用。内容包括:

(1)管理人员(包括政治、经济、行政、技术、试验、警卫、消防、炊事、勤杂人员及行政管理部门汽车司机等)的基本工资、工资性补贴及按规定标准计提的职工福利费。

(2)差旅交通费:是指施工企业职工因公出差、工作调动的差旅费、住勤补助费、市内交通及误餐补助费、职工探亲路费、劳动力招募费、离退休职工一次性路费及交通工具油料、燃料、牌照、养路费等。

(3)办公费:是指施工企业办公用文具、纸张、账表、印刷、邮电、书报、会议、水、电、燃煤(气)等费用。

(4)固定资产折旧、修理费:是指施工企业属于固定资产的房屋、设备、仪器等折旧及维修等费用。

(5)工具用具使用费:是施工企业管理使用不属于固定资产的工具、用具、家具、交通工具、检验、试验、消防等的摊销及维修费用。

(6)工会经费:是指施工企业按职工工资总额2%计提的工会费用。

(7)职工教育经费:是指施工企业为职工学习先进技术和提高文化水平按职工工资总额的1.5%计提的费用。

(8)保险费:是指施工企业财产保险、管理用车辆等保险费用。

(9)税金:是指施工企业按规定交纳的房产税、车船使用税、土地使用税、印花税及土地使用费等。

(10)其他。

(二)财务费用

财务费用是指施工企业为筹集资金而发生的各项费用,包括施工企业经营期间发生的短期贷款利息净支出、汇兑净损失、金融机构手续费,以及企业筹集资金发生的其他财务费用。

(三)其他费用

其他费用是指按规定支付造价(劳动)定额管理部门的定额测定费,以及按有关部门规定支付的上级管理费。

三、计划利润

计划利润是指按规定应计入建筑工程造价内施工企业利润,依据工程类别实行的差别利润率。

四、税　金

税金是指国家税法规定的应计入工程造价内的营业税、城市维护建设税及教育费附加。

装饰工程费用定额适用于接受建设行政管理部门装饰资质管理的专业装饰企业承担装饰工程施工(包括一次装饰和二次装饰)任务的使用,该装饰费用定额与所在地区建筑工程综合概预算定额配套使用。建筑施工企业承担连同主体一起施工的装饰(含二次装饰)任务时,不能使用该费用定额的,应随同土建项目一起执行相应的建筑工程取费定额。而装饰企业资质等级按直接费取费。

装饰工程费用定额见表2-12至表2-16。

表2-12　装饰工程人工工日单价组成表　单位:元

企业资质＼项目	生产工人的基本工资	生产工人的工资性补贴	生产工人辅助工资	职工福利费	生产工人劳动保护费	合　计
装饰1~3级	13.80	4.11	1.86	2.42	0.81	23.00
装饰其他级	13.80	1.39			0.81	16.00

注:装饰1~3级企业人工费调整系数为定额人工费总和乘1.132。装饰其他级企业人工费调整系数为定额人工费总和乘0.788。

表2-13　装饰工程其他直接费率表

取费基础＼企业资质	装饰1~3级(%)	装饰其他级(%)
直接费	1.39	0.73

表 2－14　　装饰工程间接费费率表

企业资质 / 取费基础	装饰 1 级（%）	装饰 2～3 级（%）	装饰其他级（%）
直接工程费	8.15	6.92	3.59

表 2－15　　装饰工程差别利润率表

企业资质 / 取费基础	装饰 1 级（%）	装饰 2～3 级（%）	装饰其他级（%）
直接工程费＋间接费＋贷款利息	7	4	2

表 2－16　　装饰工程取费程序表

项目名称	取费程序和内容	合价	其中：定额基价人工费总和
项目直接费	（人工＋材料＋机械）费之和	A	B
人工费调整系数	B×系数{1～3 级（1.132－1）} {其他（0.788－1）}	A_1	
直接费	$A + A_1$	A_2	
其他直接费	A_2×费率	A_3	
直接工程费	$A_2 + A_3$	A_4	
间接费	A_4×费率	A_5	
贷款利息	A_4×费率	A_6	
差别利润	$(A_4 + A_5 + A_6)$×利润率	A_7	
差价	1. 规定计算价差的材料差价以及可计算差价部分；2. 动态调价	A_8	
不含税工程造价	$A_4 + A_5 + A_6 + A_7 + A_8$	A_9	
养老保险统筹费	$A_9 \times 2.5\%$	A_{10}	
四项保险费	A_9×费率	A_{11}	
安全、文明施工定额补贴费	$A_9 \times 1.6\%$	A_{12}	
税金	$(A_9 \times A_{10} \times A_{11} \times A_{12})$×利率	A_{13}	
含税工程造价	$A_9 + A_{10} + A_{11} + A_{12} + A_{13}$	A_{14}	

第四节　施工组织设计及施工方案

施工组织设计，就是对拟建装饰工程的施工任务，将人力、物力、财力在技术上、组织上、时间、空间上，以及其他各方面进行合理的组织与安排，作出一个科学的设计，用以全面安排和正确指导施工的顺利进行，做到工期短、质量好、成本低，以较少的劳动消耗，取得最佳的经济效益，创造优良的装饰工程质量。

施工组织设计的内容较多，其中施工方案是非常重要的。因为要作好装饰工程的预算，必须要了解施工方法、施工顺序、新工艺、新技术、新材料等。例如科学地采用装饰工程流水施工的方法，就可以大大节约人力，缩短工期，从而减少资源需要量。合理地安排施工流程可以有效地提高装饰工程的施工质量。例如，在多层高层建筑中，装饰工程的施工顺序应从上至下才较为妥当。

施工组织设计一般包括以下主要内容：

(1) 工程概况　包括工程特点、建设地点特征及施工条件三个方面内容，对于装饰工程是同主体结构同步施工还是二次设计二次施工需要在工程概况中加以说明。

(2) 施工方案　主要确定施工程序、施工流向、划分施工等。主要分部分项工程施工方法的选择及施工机械选择、技术组织措施等内容。装饰工程一般分一次装修和二次装修，一般装修(二次)存在同其他建安工程的交叉作业，有些交叉和重复的工作应在合同中加以明确，在施工方案中应对装饰面层的基础处理作好周密的安排及相应的技术措施(质量)。

(3) 施工进度计划　包括确定施工顺序，划分施工项目，计算工程量，计划需用劳动量，机械需用量，确定各施工过程的持续时间(有必要可作进度计划表)。

(4) 施工准备计划　包括技术准备、现场准备与劳动力、机具、材料的准备。

(5) 编制各类需用量计划包括劳动力需用量计划，材料需用量计划和施工机具需用量计划。

(6) 施工平面图应表明工程所需施工机械加工场地，材料堆场及临时设施的现场布置图。

施工组织设计编制原则和程序：

(1)严格遵守工期定额及合同约定的竣工交付使用期限。

(2) 合理安排施工程序与顺序，应考虑：①及时完成有关的施工准备工作为正式施工创造良好施工条件；②按施工工艺前后确定施工顺序，并考虑主体交付装饰的时间搭接及必要的交叉，同时应尽量避免同土建施工的平面交叉作业；③对单个房间施工顺序应考虑空间顺序及工种间的顺序。

(3) 采用流水作业和网络计划技术安排进度计划，以保证施工能均衡有节奏地进行，合理使用人力、物力和财力。

(4) 恰当安排冬雨季施工，外装饰工程应尽量避免冬季施工，内装饰工程抹灰底工程在无取暖设施的工程也应避免冬季施工。

(5) 贯彻多层次技术结构的技术政策。

(6) 从实际出发作好人力、物力的综合平衡。

(7) 实施目标管理，使目标分解得当，决策科学，实施有法。

(8) 与施工项目管理相结合，实施项目经理负责制和项目动态控制管理的国际管理惯例。

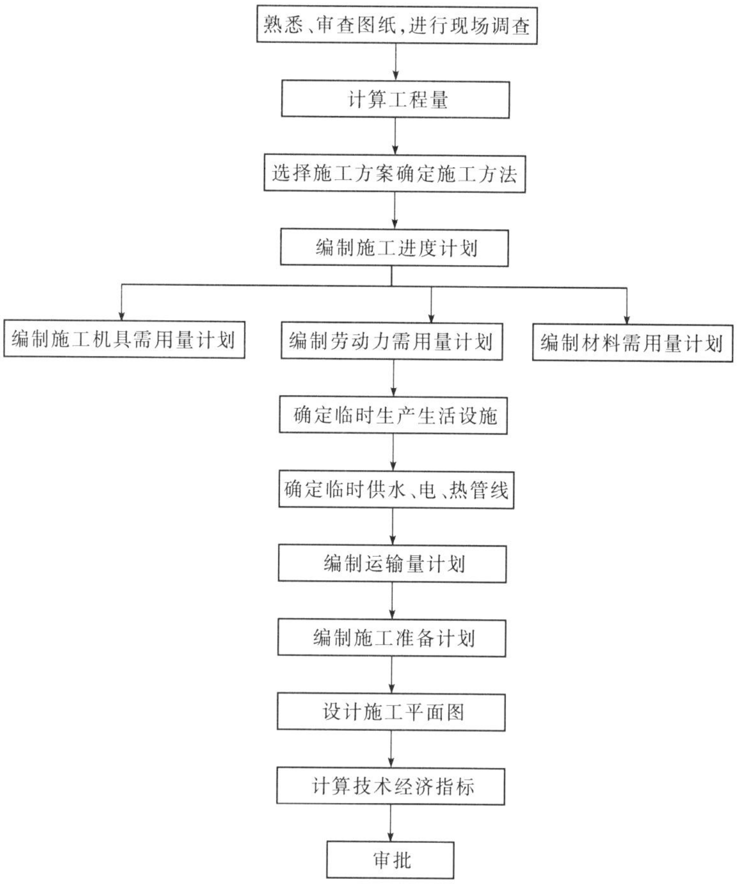

图 2－4　装饰工程施工组织设计编制程序框图

第五节　其他有关文件

一、建筑装饰工程预算手册

建筑装饰工程预算手册能提供一些常用的数据，如数学计算公式、材料重量表及换算等，使用预算手册可以提高预算编制的速度。

二、国家及地方颁发的现行规定及双方签定的合同书

主要有建设部颁发的《建筑工程施工发包与承包价格管理暂行规定》建标［1999］1号文件、《建筑面积计算规则》、《全国室内装饰设计取费办法》、《室内装饰工艺规程和质量验收办法》等。

另外，各地根据当地的不同情况，编制的“工程造价信息”以及“材料信息价格”等都是编制装饰工程预算的重要资料。

合同是业主与承包商共同签定的契约。合同中对装饰工程价款也有明确约定，工程价款包括：合同价款、追加合同价款（由工程变更、索赔等增加的合同价款以及按合同条款约定的计算方法计算的材料价差）。所以，装饰工程合同是编制预算的重要资料。

作业与思考题

一、思考题

1. 为什么说装饰工程施工图和装饰工程定额是编制装饰工程预算最重要的资料?

2. 熟悉建筑装饰工程施工图的要领是什么?

3. 为什么编制装饰工程预算要熟悉装饰工程施工图?

4. 装饰工程施工图主要有哪些?

5. 什么叫标准图集?在施工图上采用了标准图集时,该如何表示?

6. 定额是由哪些部分组成的?每一组成部分的作用是什么?

7. 如何使用定额?

8. 什么叫“费用定额”?它的基本组成如何?

9. 什么叫项目直接费?

10. 在套用预算定额时,有的项目与定额内容不相符,若允许换算,该如何对项目进行换算?

11. 设计图中的项目在定额中没有时,应如何处理?

12. 编制预算具备哪些资料才能顺利进行?

二、作业题

1. 如表 2-10,中包门扇一项面层原定额采用榉木板的预算的单价为 23.5 元/m^2,现市场价为 30.0 元/m^2,其他材料不变,试计算包 100m^2 门扇的材料费。

2. 上题中,包门扇的材料如果选用花梨木装饰面层,市场价为 35 元/m^2,应如何利用表 2-10 对材料费进行换算?

3. 如某工程采用 900mm × 2100mm 的门 80 个,需采用榉木板包门扇,其工程量为 151.2m^2。试计算该工程包门扇所需的直接工程费及各种材料用量。

第三章　建筑装饰工程的分项及工程量的计算

第一节　建筑装饰工程的分项

对装饰工程的内容、范围和项目划分,尚无明确统一的标准和规定。因为装饰工程遇到的情况差异变化较大,有新建、改建、改造、返修等不同工作内容。

新建工程又分为二种情况:一种是单位工程由一个施工单位不仅要完成主体工程任务,还要完成装饰工程的任务;另一种是建筑工程分二个阶段进行。前期为粗装修,例如在室内装修时,其地面、天棚由施工单位初步找平即可。后期为精装修,由施工单位进行精细的安装修饰。二者的关系是前者的工作为后者的工作做铺垫。

不论是新建、改建还是改造的装饰工程,所涉及的工作内容是多方面的。装饰工程不仅仅是其本身,给排水、暖通、设备安装、照明灯饰、消防、通风空调、音响、家具等均要涉及到,有时甚至还要牵扯部分非承重墙体、门窗改造等与主体工程相类似的工作内容。所以明确划分工程内容有一定的困难。如陕西省 1999 年新推出的"建筑工程综合预算定额",并未将前期粗装修及后期精装修应用的定额加以区分,而是统一编制在一起,各取所需。不过在装饰"费用定额"中有一条明确规定:"建筑施工企业承担连同主体一起施工的装饰(含二次装饰——即精装饰)任务时,不能使用该费用定额,应随同土建项目一起执行相应的建筑工程费用定额"。

一、按建筑物内外划分

室外装饰工程:包括外墙面、屋面、门窗、雨篷、檐口、入口、台阶、勒脚、建筑小品等。

室内装饰工程:包括内墙面、地面、顶棚、隔断、室内灯具及陈设等。

二、按建筑物内部的空间位置划分

(1) 楼地面装饰:楼地面的名称是以面层材料命名的,如木地面、水泥砂浆地面等。主要有整体式地面、块料地面、木地面、地毯、踢脚线和台阶等。①整体式地面面层:有水泥砂浆地面、菱苦土地面、彩色水磨石地面、涂料地面、塑料地面、地毯等。②块料地面:有花岗石和大理石地面、缸砖、陶瓷地砖、陶瓷锦砖(又称马赛克)地面等。③木地面:有条板木地面、拼花木地面、强化木地面、复合木地面等。④踢脚线:有水泥砂浆踢脚线、木踢脚线、塑料踢脚线、石材踢脚线等。

(2) 墙面装饰:有块料面层、涂料面层、玻璃幕墙、木墙面、复合材料面层、墙布面层、墙纸面层等墙面。①块料面层墙面有:大理石、花岗石、预制水磨石、挂板、釉面砖、陶瓷墙面砖、陶瓷锦砖等。②涂料面层如 106 涂料、803 涂料、多彩涂料、乳胶漆、喷塑油漆等。③玻璃幕墙:有钢骨架幕墙、铝合金骨架幕墙和无骨架幕墙等,有的骨架外露(明框),有的骨架内隐(隐框)或部分外露部分内隐(半隐框),以满足建筑造型的要求。④木墙面:如隔断、隔墙、墙裙或根据需要的造型墙面采用木材装饰,如胶合板墙面等。

另外还有用塑料板材、PVC 材料作为护壁板材等。墙布和墙纸可以对墙面进行裱糊,也具有装饰和艺术效果。

(3) 天棚装饰(也称顶棚):其基层可以直接抹灰,也可以用木龙骨、轻钢龙骨、铝合金龙骨吊顶天棚。面层可采用多种装饰材料制作,例如:基层采用直接抹灰的,面层采用涂料、多彩喷涂、乳胶漆以及裱糊材料墙纸等;对基层用龙骨的,一般采用石膏板、矿棉板、吸音板、多层夹板、铝合金扣板、挂板、格栅、不锈钢板、玻璃镜面、塑料板材、铝塑板、PVC 材料等作为天棚的装饰面层。

(4)门、窗装饰:从外装修看,门窗是建筑物的五官,其装饰尤为重要。从室内看,门窗是采光、通风、交通联系的主渠道。门窗性能与装饰效果对生活质量影响颇大(如隔热、保温、隔声等)。其装饰包括门窗改造、门窗玻璃安装、门窗贴脸、窗筒子板、窗台板安装、阳台封窗、窗帘盒安装、窗帘悬挂等。

(5) 家具装饰:家具装饰应当分为两类,一类是外购家具,其布置位置随时可以变动,在购置时一定要与室内装饰格调相协调,称之可移动家具;另一类即为固定式家具,这一类常在装饰中一气呵成,有柜类(壁柜、吊柜、台柜)制作与安装及橱、台、桌、架、暖气罩等的制作与安装。

(6)卫生间和厨房装饰:包括顶棚、墙面、地面、卫生洁具、池、盆、灶、排气扇、箱柜及其配套的镜、台、盒、架、帘等。

(7) 灯具装饰:有吊灯、吸顶灯、筒灯、射灯、壁灯、台灯、床头灯、落地灯、地灯以及各种开关、插座等。它对室内装饰的影响较大。电线有明线与暗线之分,插座有明插座和暗插座之分。

(8)家用电器:包括空调器、电扇、换气扇、抽油烟机、冰箱、微波炉、电烤箱、音响、电视机、电脑等设备。其他电器有消防、电讯设施等。

(9) 脚手架是装饰工程中进行空中作业的临时工作平台,用材及搭设也需一定的费用,装饰工程对预算编制也有一定影响。

第二节　各分项工程工程量的计算

一、建筑面积的计算

建筑面积是指建筑物各楼层水平投影面积之和。它是建筑物重要的技术经济指标之一。它反映了建筑物规模的大小。在编制预算中计算建筑面积是为工程量计算提供依据。

编制预算时,建筑面积的计算必须依据"《中华人民共和国建设部全国统一建筑工程预算工程量计算规则》$GZD_{GZ}-101-95$"第二章"土建工程建筑面积计算规则"进行计算。

(一)计算建筑面积的范围

(1)单层建筑物不论其高度如何,均按一层计算建筑面积。其建筑面积按建筑物外墙勒脚以上结构的外围水平面积计算。单层建筑物内设有部分楼层者(如厂房、剧院、礼堂、仓库等建筑),首层建筑面积已包括在单层建筑物内,二层及二层以上应计算建筑面积;高低联跨的单层建筑物,需分别计算建筑面积时,应以结构外边线为界分别计算。

(2)多层建筑物建筑面积,按各层建筑面积之和计算,其首层建筑面积按外墙勒脚以上结构的外围水平面积计算,二层及二层以上按外墙结构的外围水平面积计算。

(3)同一建筑物如结构、层数不同时,应分别计算建筑面积。

(4)地下室、半地下室、地下车间、仓库、商店、车站、地下指挥部及相应的出入口建筑面积,按其上口外墙(不包括采光井、防潮层及其保护墙)外围水平面积计算。

(5)建于坡地的建筑物利用吊脚空间设置架空层和深基础地下架空层设计加以利用时,其层高超过2.2m,按围护结构外围水平面积计算建筑面积。

(6)穿过建筑物的通道,建筑物内的门厅、大厅,不论其高度如何均按一层建筑面积计算。门厅、大厅内设有回廊时,按其自然层的水平投影面积计算建筑面积。

(7)室内楼梯间、电梯井、提物井、垃圾道、管道井等均按建筑物的自然层计算建筑面积。

(8)书库、立体仓库设有结构层的,按结构层计算建筑面积;没有结构层的,按承重书架层或货架层计算建筑面积。

(9)有围护结构的舞台灯光控制室,按其围护结构外围水平面积乘以层数计算建筑面积。

(10)建筑物内设备管道层、贮藏室层高超过2.2m时,应计算建筑面积。

(11)有柱的雨篷、车棚、货棚、站台等,按柱外围水平面积计算建筑面积;独立柱的雨篷、单排柱的车棚、货棚、站台等,按其顶盖水平投影面积的一半计算建筑面积。

(12)屋面上部有围护结构的楼梯间、水箱间、电梯机房等,按围护结构外围水平面积计算建筑面积。

(13)建筑物外有围护结构的门斗、眺望间、观望电梯间、阳台、橱窗、挑廊、走廊等,按其围护结构外围水平面积计算建筑面积。

(14)建筑物外有柱和顶盖走廊、檐廊,按柱外围水平面积计算建筑面积;有盖无柱的走廊、檐廊挑出墙外宽度在1.5m以上时,按其顶盖投影面积一半计算建筑面积。无围护结构的凹阳台、挑阳台,按其水平面积一半计算建筑面积。建筑物间有顶盖的架空走廊,按其顶盖水平投影面积计算建筑面积。

(15)室外楼梯,按自然层投影面积之和计算建筑面积。

(16)建筑物内变形缝、沉降缝等,凡缝宽在300mm以内者,均依其缝宽按自然层计算建筑面积,并入建筑物建筑面积之内计算。

(二)不计算建筑面积的范围

(1)突出外墙的构件、配件、附墙柱、垛、勒脚、台阶、悬挑雨篷、墙面抹灰、镶贴块材、装饰面等。

(2)用于检修、消防等室外爬梯。

(3)层高2.2m以内设备管道层、贮藏室、设计不利用的深基础架空层及吊脚架空层。

(4) 建筑物内操作平台、上料平台、安装箱或罐体平台，没有围护结构的屋顶水箱、花架、凉棚等。

(5)独立烟囱、烟道、地沟、油(水)罐、气柜、水塔、贮(油)水池、贮仓、栈桥、地下人防通道等构筑物。

(6) 单层建筑物内分隔单层房间、舞台及后台悬挂的幕布、布景天桥、挑台。

(7)建筑物内宽度大于 300mm 的变形缝、沉降缝等。

(三)其他

(1)建筑物与构筑物连接成一体的，属建筑物部分，按本章前述规定计算。

(2)本规则适用于地上、地下建筑物的建筑面积计算，如遇有上述未尽事宜，可参照上述规则办理。

二、工程量的计算单位

预算定额项目和子目的划分，是根据不同部位、不同工料消耗，将一建筑产品分解成各种不同项目，它须用规范且便于计量的单位来计算工程量。

在计算工程量时，装饰工程量的计量单位应与选用定额的计量单位一致。

凡物体的截面有一定的形状和大小，但长度不同时，应以延长米为计量单位。如楼梯栏杆、装饰线条和部分木装修等工程。

当物体有一定厚度，而面积不固定时，应当采用平方米 (m^2) 为计量单位。如楼地面、墙面装饰、天棚线条、木地板、木隔断、隔墙等。

当物体的长、宽、高都有尺寸变化不定时，采用立方米 (m^3) 为计量单位。如砖石、钢筋混凝土工程等。

当有的物体三度量值固定，但重量价格差异较大时，采用重量以吨(t)或公斤(kg)为计量单位。如金属结构制作等。

对不规则且难以度量的物体，采用个、根、件、套等来计量。

长度以 mm(毫米)、cm(厘米)、m(米)、km(千米)计量。

面积以 m^2(平方米)、100m^2(百平方米)计量；

体积以 m^3(立方米)、L(升)计量；

重量以 t(吨)、kg(千克或公斤)计量；

人工以工日计量，取两位小数。

主要材料及成品、半成品、木材以 m^3 为单位，取三位小数；

钢材和钢筋以 t(吨) 或 kg(公斤) 为单位，t 取三位小数，kg 取两位小数。

水泥以 kg 为单位，取整数；

砂浆和混凝土以 m^3 为单位，取两位小数。

机械以台班为单位，取三位小数。

单价、价格以元为单位，取两位小数。

三、工程量计算顺序

如前所述，装饰工程的工程量计算是编制预算的基本数据，用以确定工程直接费。工程量的计算是一项比较复杂而细致的工作,需一丝不苟、耐心而又细致。

1. 装饰工程工程量的计算顺序

因为工程量计算的项目繁多、量大,极易出现重算、漏算的情形,为防止差错,使工程量计算在有序中进行,一般可遵循以下五种计算顺序:

(1)依图样按顺时针方向从左至右计算。即从平面图的左上角开始,向右顺序计算,直到绕一周回到左上方为止。如装饰工程的楼地面、墙柱面、天棚工程都可按此顺序计算。

(2)依图样平面图先横后竖、先上后下、先左后右的顺序进行。如装饰工程的内墙、隔墙可依此法计算。

(3)计算顺序可按图样上的门窗表、构配件的编号顺序进行。如装饰工程的门、窗、构件装饰可按这一顺序进行计算。

(4)计算顺序按图纸上的定位轴线及编号进行。如装饰工程柱的工程量计算可按编号顺序逐一计算工程量。

(5)装饰工程还可以按装饰部位的顺序进行计算。如地面→墙面→顶棚→门→窗→其他等。

2. 计算装饰工程量时必须遵守工程量的计算规则

一般先计算建筑面积,有关建筑面积的计算规则已在本节一中作了说明,各个定额及相关定额书籍都已作了详细的说明。

3. 工程量计算的一般原则

(1)划分项目的方法必须与定额项目一致,才能正确地使用定额。对于单一内容的项目,较容易划分且错误较少,常出错的是定额综合了某些项目内容的情况,往往表现为项目计算重复、错误理解及漏算等问题。

(2)计算规则要与定额一致,因为计算规则是与定额列项相适应的。

(3)计算单位与定额不一致时,要经过转换。

(4)工程量计算的名称要与设计图名称一致,不得任意更改,随意乱套定额。

(5)正确计算,不重复、不漏算。

(6)外装修按面计算,内装修分层分房间计算。

工程量的计算宜采用表格形式,即工程量计算表。在表中应列出简单明了的算式,以便复核校对。其表格形式如下:

※※※——装饰工程量计算表

顺序	工程名称	算式	单位	工程数量

四、各分项工程量的计算

各种装饰工程是人工采用不同建筑装饰材料加工的结果,或人工使用机械对不同建筑装饰材料加工而成,所以,采用的建筑装饰材料及材料用量的多少是编制装饰工程预算的基础。有了工程量,便容易通过定额规定的单位消耗数量标准,求得人工和机械台班的多少。

装饰工程预算无论怎样做、无论现在还是今后,始终都是一个复杂而繁琐的工作。在市场经济条件下,商品价格随其种类、品质、地域、时间、生产商、经营商等因素的不同而浮动,市场规律支配价格的升降。而在装饰工程中,材料的用量往往在某个范围之内,变化不是很大,因此,装饰工程中工程量的计算特别重要,它是预算的基础。

工程量计算是根据装饰设计图样并依照预算定额中关于工程量的计算规则计算出来的。其工作量约占预算工作量的60%,可见耗费的时间和精力是最大的。工程量计算的准确程度影响着整个装饰工程的造价,甚至影响着施工组织设计中进度的安排和人力、机具的投入,所以这一点必须引起重视。

以下重点介绍楼地面装饰工程、墙面装饰工程、顶棚装饰工程、门窗装饰工程等工程量的计算方法。

这里需要说明的是,定额具有地域性。各省、市、自治区的装饰工程定额有的是单独编制的;有的是采用与建筑工程定额综合在一起的,只是在取费上有所不同。陕西省的装饰定额就是与建筑工程定额综合在一起的。无论何种形式,各地出台的定额在工程量计算方法上基本是一致的。国家建设部因此颁布了《全国统一建筑工程预算工程量计算规则》$GJD_{GZ}-101-95$和《全国统一建筑工程基础定额》(以下简称《基础定额》)GJD-101-95对建筑市场进行规范管理。以下工程量计算规则按《基础定额》列出。

(一)楼地面装饰工程

(1)地面找平层、整体面层的工程量计算均按主墙间的净空面积以平方米(m^2)计算。应扣除凸出地面的构筑物、设备基础、室内管道、地沟等所占面积,不扣除柱、垛、间壁墙、附墙烟囱及面积在$0.3m^2$以内的孔洞所占面积,但门洞、空圈、暖气包槽、壁龛的开口部分亦不增加。阳台楼地面按净尺寸以平方米计算,套用相应的楼地面子目。

例1　如图3-1所示,设计要求做地面水泥砂浆找平层,计算其工程量(基层为混凝土时)。

解:　建筑面积 $=11.04\times6.24=68.89m^2$

外墙中心线长度 $=(11.04+6.24)\times2-4\times0.24=33.60m$

内墙净长度 $=(6.24-2\times0.24)\times2=11.52m$

主墙间净空面积 = 建筑面积 - 主墙所占面积

$=68.89-33.60\times0.24-11.52\times0.24$

$=58.06m^2$

找平层如做20mm厚

套用定额(基础定额8-18):将$58.06m^2$换算为与定额一致的计量单位(百平方米),并保留二位小数,即:

$$58.06/100=0.58(\text{百平方米})$$

则人工综合用工量为:　$7.8\times0.58=4.52$(工日)

材料(采用1:3水泥砂浆)量:　$2.02\times0.58=1.17m^3$

素水泥浆量:　$0.1\times0.58=0.06m^3$

水用量：　　　　　　　　　0.6×0.58 = 0.35m³

使用200L的灰浆搅拌机需用的台班量：　　0.34×0.58 = 0.20台班

地面找平层工料定额见表3-1，即《基础定额》8-18子目。

地面找平层工作内容包括：清理基层、调运砂浆、抹平、压实。

表3-1　　　　　　**水泥砂浆找平层**　　　　　　单位：100m²

定额编号			8-18	8-19	8-20
项目		单位	混凝土或硬基层上	在填充材料上	每增减
			20mm		5mm
人工	综合工日	工日	7.80	8.00	1.41
材料	水泥砂浆1:3	m³	2.02	2.53	0.51
	素水泥浆	m³	0.10	—	—
	水	m³	0.60	0.60	—

注：凡整体楼地面面层都可按以上方法计算，但不包括踢脚板的工程量。

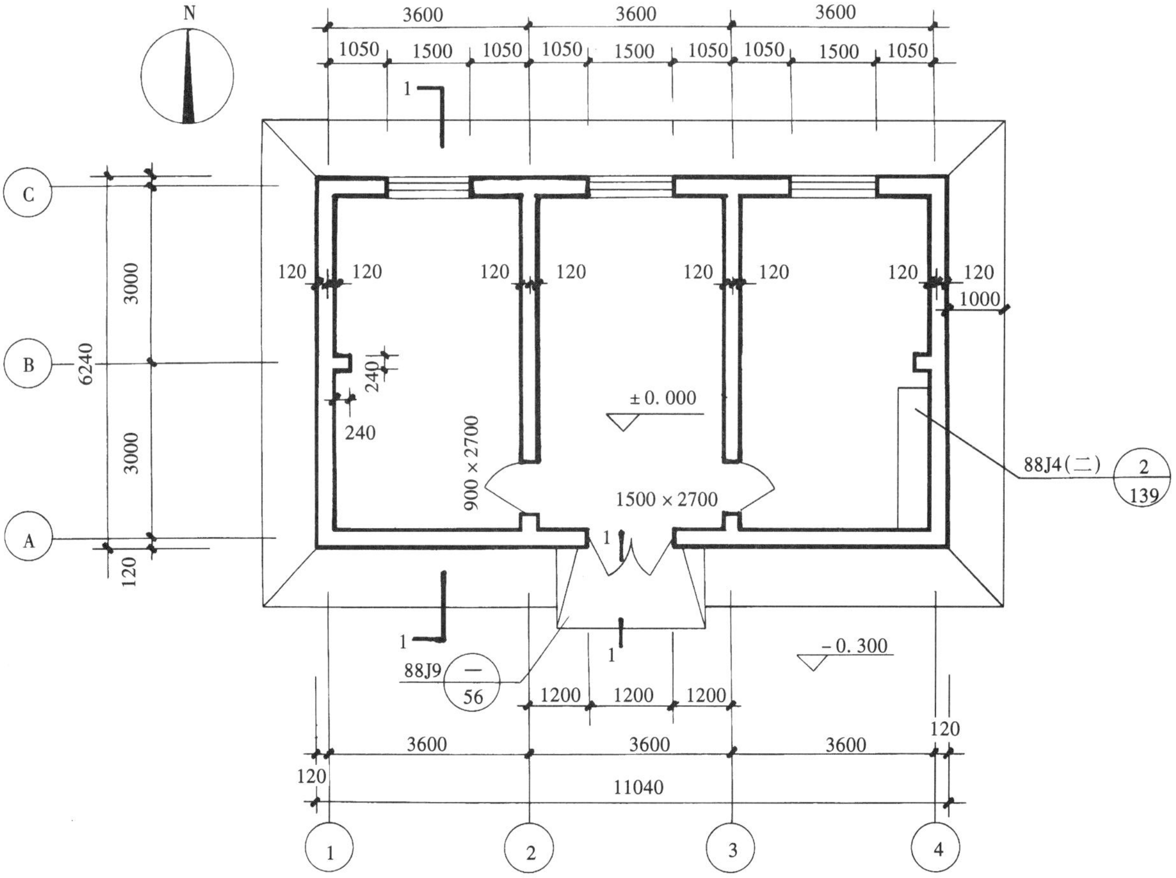

图3-1　某房屋平面图

(2) 块料面层工程量按图示尺寸实铺面积以平方米计算，门洞、空圈、暖气包槽和壁龛的开口部分的工程量也应计入相应的面层工程量内。

例2　见图3-1,面层采用拼花陶瓷锦砖地面,试计算其工程量。

解:陶瓷锦砖(马赛克)地面工程量=建筑面积-主墙所占面积-壁柱占用面积+门洞开口部分的面积$=68.89-(33.6+11.52)\times0.24-2\times0.24\times0.24+2\times0.9\times0.24+1\times1.5\times0.24=58.60m^3$

折算成百平方米　$58.60/100\approx0.59$。

套用定额(基础定额8-95):

陶瓷锦砖面层工料机定额见表3-2,即《基础定额》8-95子目。

陶瓷锦砖面层的工作内容包括:清理基层,贴陶瓷锦砖,拼花,勾缝,清理净面,调制水泥砂浆或粘结剂。

表3-2　　**陶瓷锦砖地面**　　计量单位:$100m^2$

定额编号			8-94	8-95	
项　目		单位	楼地面		
			不拼花	拼花	
			水泥砂浆		
人工	综合工日	工日	42.77	48.93	
材料	陶瓷锦砖	m^2	101.50	106.00	
	水泥砂浆 1:1	m^3	0.51	0.51	
	干粉性粘贴剂	kg	—	—	
	素水泥浆	m^3	0.10	0.10	
	白水泥	kg	20.00	20.00	
	棉纱头	kg	3.00	2.00	
	水	m^3	3.60	2.60	
机械	灰浆搅拌机 200L	台班	0.09	0.09	

需人工综合工日为　$48.93\times0.59=28.87$(工日)

需陶瓷锦砖　$106.00\times0.59=62.54(m^2)$

1:1水泥砂浆　$0.51\times0.59=0.30(m^3)$

素 水 泥 浆　$0.10\times0.59=0.06(m^3)$

白　水　泥　$20.00\times0.59=11.80$(kg)

棉　纱　头　$2.00\times0.59=1.18$(kg)

水　$2.60\times0.59=1.53(m^3)$

200L灰浆搅拌机　$0.09\times0.59=0.05$(台班)

例3　如果例1题地面用水泥砂浆贴彩釉地砖，选用$300\times300\times5$(mm)规格的地砖,求人工工日及材料用量。

解：　工程量在例3-2已求得为$58.60/100=0.59$(百平方米)

选用$300\times300\times5$(mm)地砖周长为$300\times4=1200(mm)>800mm$,所以套用《基础定额》8—74:用水泥砂浆贴彩釉地砖每块周长800mm以外子目:

大理石板、花岗岩板、彩釉砖、缸砖的工作内容包括:清理基层、锯板磨边、贴面板(砖)、擦缝(勾缝)、清理净面、调制水泥砂浆、刷素水泥浆及成品保护。

块料面层（大理石板、花岗岩板、彩釉砖及缸砖）工、料、机定额见表3－3，即《基础定额》8－74子项。

表3－3　　陶瓷釉砖地面　　计量单位：$100m^2$

定额编号			8－73	8－74	
项　目		单位	楼地面(每块周长 mm)		
			800以内	800以外	
			水泥砂浆		
人工	综合工日	工日	32.70	28.97	
材料	彩釉砖	m^2	102.00	102.00	
	水泥砂浆1:2	m^3	1.01	1.01	
	素水泥浆	m^3	0.10	0.10	
	白水泥	kg	10.00	10.00	
	棉纱头	kg	1.00	1.00	
	锯木屑	m^3	0.60	0.60	
	石料切割锯片	片	0.32	0.32	
	水	m^3	3.60	2.60	
机械	灰浆搅拌机200L	台班	0.17	0.17	
	石料切割机	台班	1.26	1.26	

综合工日＝工程量×相应人工定额

各种材料用量＝工程量×相应材料定额

综合人工工日＝0.59×28.97＝17.09(工日)

各种材料用量：

彩釉地砖＝0.59×102＝60.18(m^3)

每块地砖面积＝0.3×0.3＝0.09(m^3)

需用彩釉地砖的块数＝60.18÷0.09≈669(块)

1:2水泥砂浆＝0.59×1.01＝0.60(m^3)

素水泥浆＝0.59×0.1＝0.06(m^3)

白水泥＝0.59×10＝5.9(kg)

锯木屑＝0.59×0.60＝0.35(m^3)

石料切割锯片＝0.59×0.32＝0.19(片)

用水量＝0.59×2.60＝1.53(m^3)

按表3－4配合比，即《基础定额》附录。

表3－4　　水泥砂浆、素水泥浆配合比　　计量单位：m^3

材料名称	单位	水泥砂浆					素水泥浆
		1:1	1:1.5	1:2	1:2.5	1:3	
水泥425号	kg	765	644	557	490	408	1517
粗　砂	m^3	0.64	0.81	0.94	1.03	1.03	—
水	m^3	0.30	0.30	0.30	0.30	0.30	0.52

计算水泥砂浆原材料用量：

原材料用量 = 组合材料用量 × 相应配合比

425#水泥用量 = 0.60 × 557 = 334.20(kg)

砂用量 = 0.60 × 0.94 = 0.56(m^3)

水用量 = 0.6 × 0.3 = 0.18(m^3)

素水泥浆水泥用量：425#水泥用量 = 0.06 × 1517 = 91.02(kg)

水用量 = 0.06 × 0.52 = 0.03(m^3)

计算结果：

人工工日用量 = 17.09(工日)

彩釉地砖用量 = 669(块)

425#水泥用量 = 334.2 + 91.02 = 425.22(kg)

砂用量 = 0.56(m^3)

水用量 = 0.18 + 0.03 = 0.21(m^3)

块料面层工程量计算时不包括踢脚板的工料。

(3) 地毯工程量按不同固定形式及地毯层数以实铺地面面积计算。地毯压辊安装按其套数计算。地毯压板安装按其长度计算。

(4) 木地板工程量以主墙间净空面积(平方米)计算，不扣除间壁墙、穿过木地板的柱、垛和附墙烟囱等及面积在 0.3m^2 以内的孔洞所占的面积，但门洞、空圈、开口部分的面积亦不增加。

例 4　一建筑物如图 3-2，设计要求室内在木楞上铺设平口木地板。

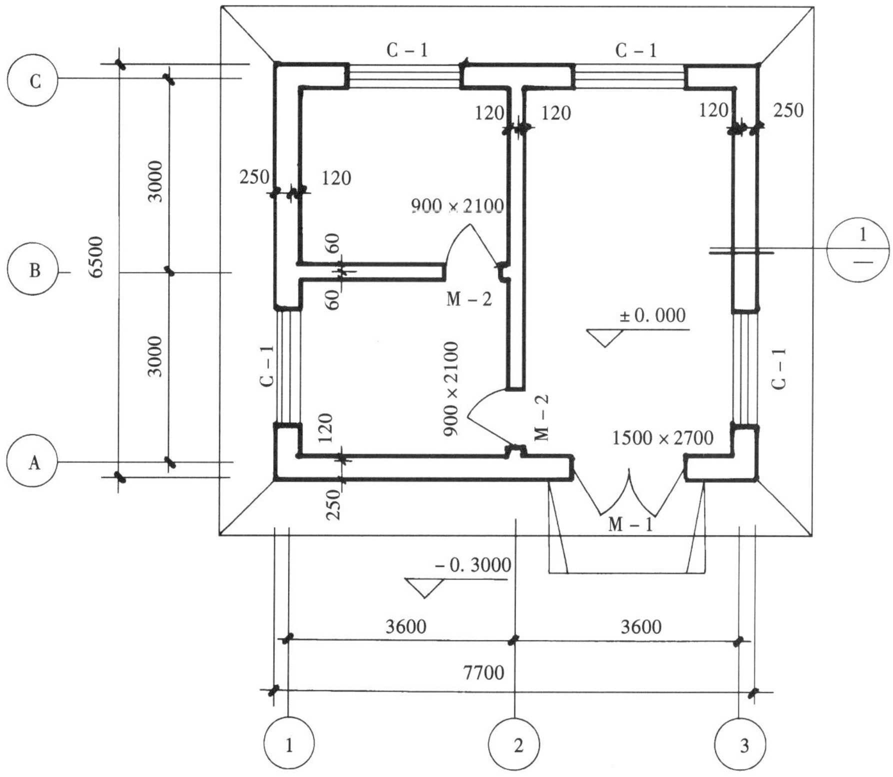

图 3-2　某房屋平面图

解:工程量计算如下:

$(3.6\times2-0.12\times2)\times(3\times2-0.12\times2)-(6-0.12\times2)\times0.24=38.71(m^2)$

换算为与定额一致的计量单位后:38.71/100=0.39 百平方米 B 轴 120 墙为间壁墙不扣除其工程量。

套用《基础定额》8-127 子项木地板、铺在木楞上、平口。

木地板工料定额见表 3-5,即《基础定额》8-127 子项。

木地板工作内容包括:木地板、龙骨、横撑、垫木制作、安装、打磨、净面、涂防腐油、填炉渣、埋铁件等。

表 3-5　　木　地　板　　计量单位:$100m^2$

定额编号			8-127	8-128	
项　　目		单位	木地板		
			铺在木楞上		
			平口	企口	
人工	综合工日	工日	29.14	31.91	
材料	一等木板 25mm	m^3	2.785	3.203	
	一等木方 50×70	m^3	1.485	1.485	
	一等松板 25mm	m^3	—	—	
	铁钉 2″	kg	15.87	15.87	
	镀锌铁丝 10#	kg	30.13	30.13	
	预埋铁件	kg	50.01	50.01	
	炉(矿)渣	m^3	3.51	3.51	
	石油沥青油毡 350#	m^2	—	—	
	臭油水	kg	28.42	28.42	
	氯化钠	kg	24.50	24.50	
	煤油	kg	5.62	5.62	
	棉纱头	kg	1.00	1.00	
机械	电动打磨机	台班	3.58	3.10	
	木工圆锯机(φ500mm 以内)	台班	0.98	1.35	
	木工压刨床(单面 600mm 以内)	台班	0.77		

注:毛地板按一等松板计算,如为杉板者,其用量不变。

需人工综合工日量:　$0.39\times29.14=11.36$(工日)

材料量:一等木板 25mm　$0.39\times2.785=1.09(m^3)$

一等方木 50×70mm　$0.39\times1.485=0.58(m^3)$

铁钉 2″　$0.39\times15.87=6.18(kg)$

镀锌铁丝 10 号　$0.39\times30.13=11.75(kg)$

预埋铁件　$0.39\times50.01=19.50(kg)$

炉(矿)渣　$0.39\times3.51=1.37(m^3)$

以下各类材料及机械使用台班量计算方法同上,此略。

木地板的工作内容包括木地板、龙骨、横撑、垫木制作、安装、打磨、净面、涂防腐油、填炉渣、埋铁件等,不另计算。以成品木楞做龙骨的木地板,如楞木规格不同,可以换算。延长米不变,其他也不变。

(5)踢脚板工程量以延长米计算,不扣除门窗洞口和空圈处的长度,但洞口、空圈、垛、附墙烟囱等侧壁部分亦不增加,柱的踢脚板工程量应合并计算。

例 5　计算例 4 地面木踢脚板的工程量,踢脚板高度 120mm。

《基础定额》是以延长米计算的,其工程量计算如下:

$$4\times(3.6-0.24)+4\times(6-0.24)+2\times(3.6-0.24)=43.2(\text{m})$$

换算为与定额一致的计量单位:即 43.2/100 = 0.43(百米)

人工及材料量计算套用《基础定额》8-137,见表 3-6。木踢脚板需用人工综合工日量和各类材料、机械使用台班量计算方法同前述,即工程量乘以定额规定的消耗量指标。

表 3-6　　　　　　　　　木　地　板

定额编号			8-137	8-138	
项　目		单位	踢脚线	地板砖	
			100m	$100m^2$	
人工	综合工日	工日	5.14	33.66	
材料	一等木方 50×70	m^3	0.313	—	
	硬木地板条 180×36×12	m^2	—	—	
	一等松板 21mm	m^3	0.331	—	
	硬木地板砖	m^2	—	102.00	
	粘结剂	kg	—	35.00	
	水胶粉	kg	—	8.00	
	一等松板 25mm	m^3	—	—	
	铁钉 2″	kg	1.21	—	
	镀锌铁丝 10#	kg	—	—	
	臭油水	kg	3.68	—	
	氯化钠	kg	—	—	
	煤油	kg	0.39	—	
	棉纱头	kg	0.30	1.00	
	水	m^3	—	5.20	
机械	电动打磨机	台班	—	8.44	
	木工圆锯机 (φ500mm 以内)	台班	0.22	—	
	木工压刨床 (单面 600mm 以内)	台班	—	—	

(二)墙、柱装饰面工程

墙、柱面装饰分为内墙面装饰和外墙面装饰。其面层的装饰有抹灰面层、镶贴面层。不同的墙面,其构造层次不同,处理方法也各异。

1. 内墙抹灰工程量计算

内墙抹灰面积,应扣除门、窗洞口和空圈所占的面积,不扣除踢脚线、挂镜线、0.3m^2 以内的孔洞和墙与构件交接处的面积,洞口侧壁和顶面亦不增加。墙垛和附墙烟囱侧壁面积与内墙抹灰工程量合并计算。

内墙抹灰的长度,以主墙面的图示净长尺寸计算,其高度确定如下:①

无墙裙的，其高度按室内地面或楼面至天棚底面之间距离计算。②有墙裙的，其高度按墙裙顶至天棚底面之间距离计算。③钉板条天棚的内墙面抹灰，其高度按室内地面或楼面至天棚底面另加 100mm 计算。

内墙裙抹灰面积按内墙净长乘以高度计算。应扣除门窗洞口和空圈所占的面积，门窗洞口和空圈的侧壁面积不另增加，墙垛、附墙烟囱侧壁面积并入墙裙抹灰面积内计算。

例 6　如图 3－3 所示，设计要求室内砖墙面抹混合砂浆三遍（14＋6mm 厚），室内净高 3.0m，试求该建筑物内墙抹灰的工程量。门窗洞口尺寸见表 3－7。

表 3－7　　门窗洞口面积表

门窗编号	洞口尺寸(mm)	数　量	合计面积(m^2)
C－1	1500×1800	5	13.5
M－1	1500×2700	1	4.05
M－2	900×2100	2	3.78

解：工程量计算如下：

外墙面边线长度＝(10.14＋6.24)×2＝32.76(m)

外墙面中心线长度＝32.76－4×0.24＝31.8(m)

内墙净长度＝(6×0.24)×2＝11.52(m)

外墙里皮抹灰净长度＝31.8－4×0.24－4×0.24＝29.88(m)

内墙两面抹灰净长度＝11.52×2＝23.04(m)

〔注〕计算抹灰净长度时，主墙面有一个 T 形接头应扣除一个内墙厚，L 形接头不扣除。

外墙里皮抹灰面积＝29.88×3－13.5－4.05＝72.09(m^2)

内墙两面抹灰面积＝23.04×3－3.78×4＝54.0(m^2)

室内墙面抹灰工程量合计＝72.09＋54.0＝126.09(m^2)

套用《基础定额》11－36 可求得抹灰工程量相应的人工综合工日和各种用材的数量。

2. 外墙抹灰工程量计算

外墙抹灰面积，按外墙面的垂直投影面积以平方米计算，应扣除门窗洞口、外墙裙和大于 0.3m^2 孔洞所占面积，洞口侧壁面积不另增加。附墙垛、梁、柱侧面抹灰面积并入外墙面抹灰工程量内计算。栏杆、栏板、窗台线、门窗套、扶手、压顶、挑檐、遮阳板、阳台底和雨篷底或顶、突出墙外的腰线等，另按相应规定计算。

清水墙勾缝按垂直投影面积计算，扣除墙裙、墙面抹灰的面积，不扣除门窗洞口、腰线等零星抹灰面积，洞口侧壁不增加。

外墙装饰抹灰按设计图示尺寸实抹面积(m^2)计算，扣除门窗洞口和空圈所占面积，侧壁不增加。

块料面层外墙面按实贴面积(m^2)计算；块料高度小于、等于 1.5m 按墙裙计算；高度大于 1.5m 按块料墙面计算；小于、等于 300mm 按踢脚板计算；各类材质隔墙、墙裙、幕墙均按其轮廓外围尺寸(m^2)计算。

外墙裙抹灰面积按其长度乘高度计算，扣除门窗洞口和大于 0.3m^2 孔洞所占面积，门窗洞口及孔洞的侧壁不增加。

外墙装饰抹灰，按设计图示尺寸实抹面积(m^2)计算，扣除门窗洞口和空圈占面积，侧壁不增加。"下按"块料面层按实贴面积以平方米计算，墙裙超过 1.5m 按块料墙面计算；小于、等于 0.3m 按踢脚板计算；木隔墙、墙

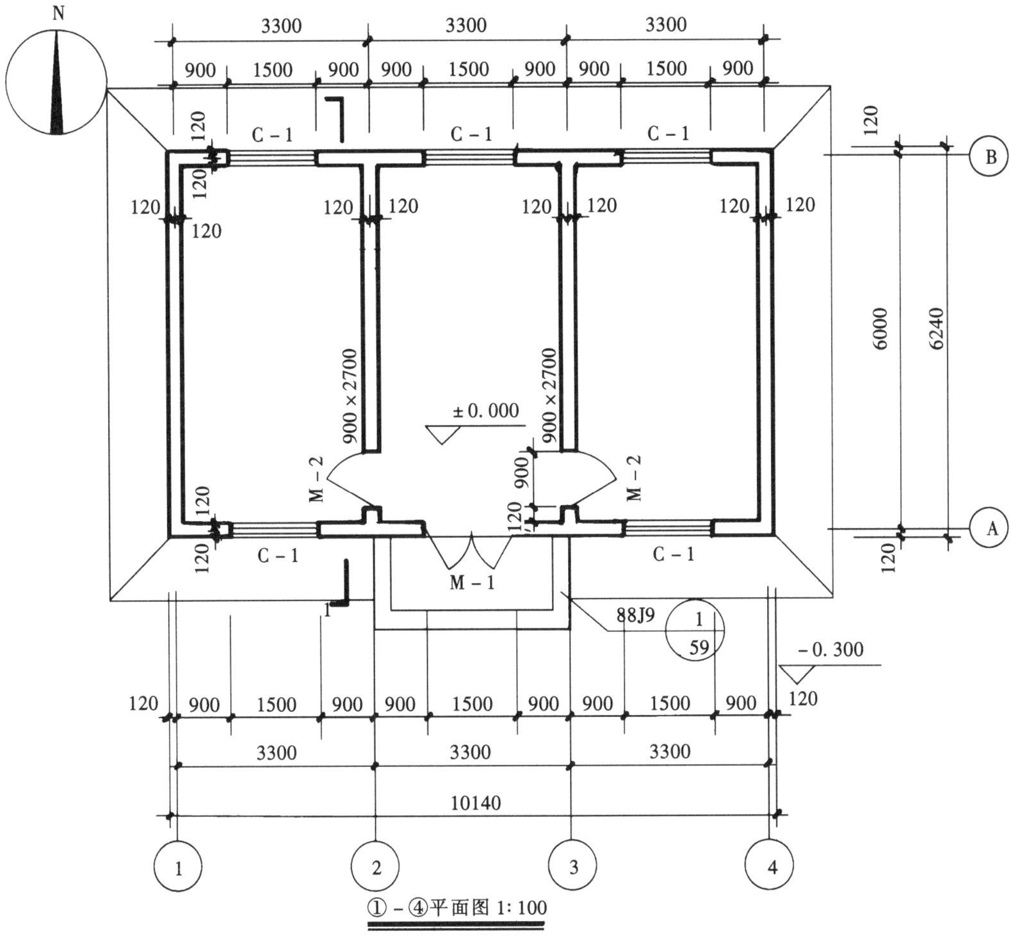

图 3－3A 某房屋平面图

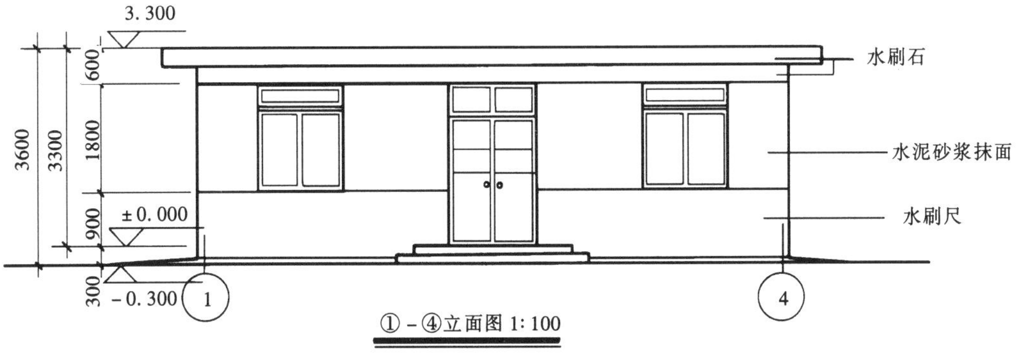

图 3－3B 某房屋立面图

裙、护壁板、玻璃隔墙、铝合金、轻钢隔墙、幕墙等按轮廓外围面积以平方米计算其工程量。

例7　如例3－6图3－3，设计要求室外墙面抹水泥砂浆，并抹水刷石墙裙。

解：其工程量计算如下：

水泥砂浆墙面抹灰面积 $=32.76\times(3-0.9)-13.5-1.5\times(2.7-0.9)=52.60(m^2)$

水刷石墙裙抹灰面积 $=32.76\times(0.9+0.3)-1.5\times0.9=37.96(m^2)$

水泥砂浆墙面与水刷石墙裙分别套用《基础定额》11－25、11－86即可获得相应人工综合工日及材料用量。

3. 台阶、楼梯面层装饰工程量计算

台阶面层（包括踏步及最上一层踏步沿一般300mm）按水平投影面积计算。

台阶面层（包括踏步及最上一层踏步沿300mm）按水平投影面积计算。散水、防滑坡道以图示尺寸(m^2)计。

例8　见图3－4，设计要求台阶做成花岗岩镶贴面层。

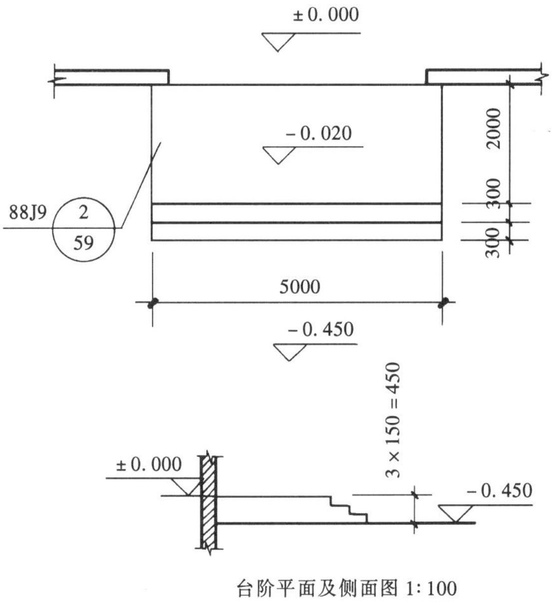

图3－4　台阶平面及侧面

解：台阶部分工程量计算如下：

$$台阶踏步面积=5.0\times0.3\times3=4.5(m^2)$$

套用《基础定额》8－59，可求得花岗岩面层的工料

平台部分工程量计算如下：

$$台阶平台面积=5.0\times(2.0-0.3)=8.5(m^2)$$

套用《基础定额》8－58，可求得花岗岩镶贴面层的工料

楼梯面层（包括踏步、休息平台及小于500mm宽的楼梯井）按水平投影面积计算。不包括楼梯侧面、底面抹灰。侧面抹灰按墙柱面分部工程相应定额子目执行，底面按天棚分部工程相应定额子目执行。

例9　某五层楼房，楼梯设计图如图3－5。要求作水磨石楼梯面层。

解：其工程量计算如下：

每层楼梯的面层工程量 $= (3.0-0.24)\times(1.5+2.7+0.3+0.24)$

$= 12.81(m^2)$

楼梯面层的工程量总和 $= 12.81\times(5-1) = 51.23(m^2)$

套用《基础定额》8－33，可求得水磨石楼梯面层的工料。

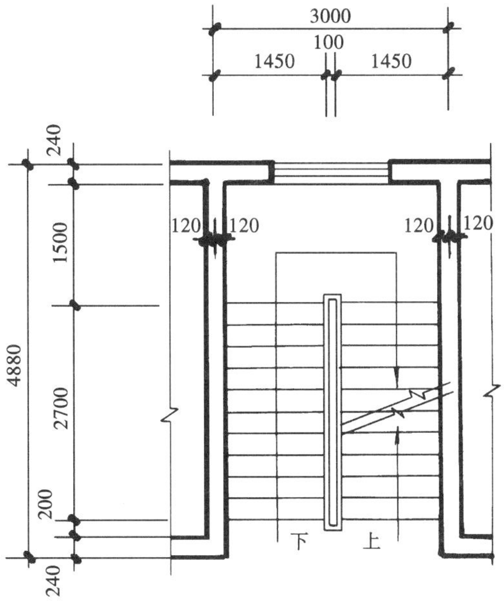

图 3－5　楼梯平面

防滑条采用铜条，按楼梯踏步两端距离减 300mm，以延长米计算工程量，防滑条定额子目分为金刚砂、金属条、缸砖等。

例 10　图 3－5 楼梯踏步，设计要求做金属防滑条。

解：工程量计算如下：

每阶防滑条的长度 $= 1.450-0.12-0.3 = 1.03(m)$

每层阶数 20 阶，五层共 $20\times(5-1) = 80$(阶)

其工程量如下：

$$1.03\times20\times(5-1) = 82.4(m)$$

可套用《基础定额》8－47。

4. 水磨石地面嵌条工程量的计算

水磨石地面分为带嵌条和不带嵌条两种。带嵌条的要按玻璃嵌条考虑。如采用金属嵌条，按相应定额执行，其工程量按嵌条长度计算。

例 11　图 3－6 为走廊水磨石地面，设计要求做金属嵌条。计算其嵌条工程量。

解：工程量计算如下：

嵌条工程量 $= (15-0.24)\times2+1.1\times15+(0.5-0.12)\times14\times2 = 56.66(m)$

5. 楼梯、阳台、栏杆、扶手工程量的计算

楼梯或阳台的栏杆、扶手包括弯头长度按延长米计算。一般作法是按

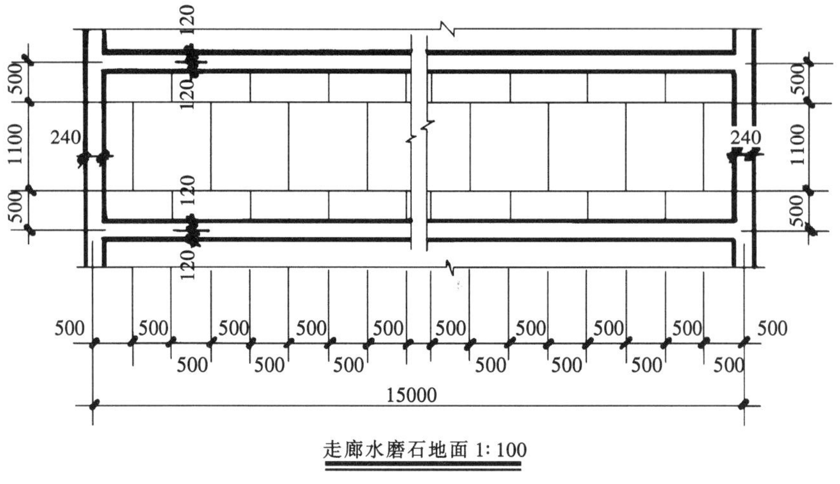

图 3－6　走廊水磨石地面

水平投影的总长度乘以斜长系数(取 1.15)。

例 12　以例 3－9 题为例(见图 3－5),计算楼梯栏杆长度。

解:楼梯栏杆长度＝〔每层水平投影长度×(层数－1)＋顶层水平段栏杆扶手〕×斜长系数＝〔(0.3×11＋0.1)×2×(5－1)＋(1.45－0.12)〕×1.15
＝32.81(m)

6. 独立柱面装饰工程量的计算

独立柱采用一般抹灰、装饰抹灰、镶嵌块料按结构断面周长乘以柱的高度,以平方米计算。

例 13　见图 3－7,一雨篷外柱断面尺寸为 0.5×0.5(m),柱高为 5(m),设计要求独立柱面挂贴汉白玉块料面层。共有四个柱,计算贴面工程量。

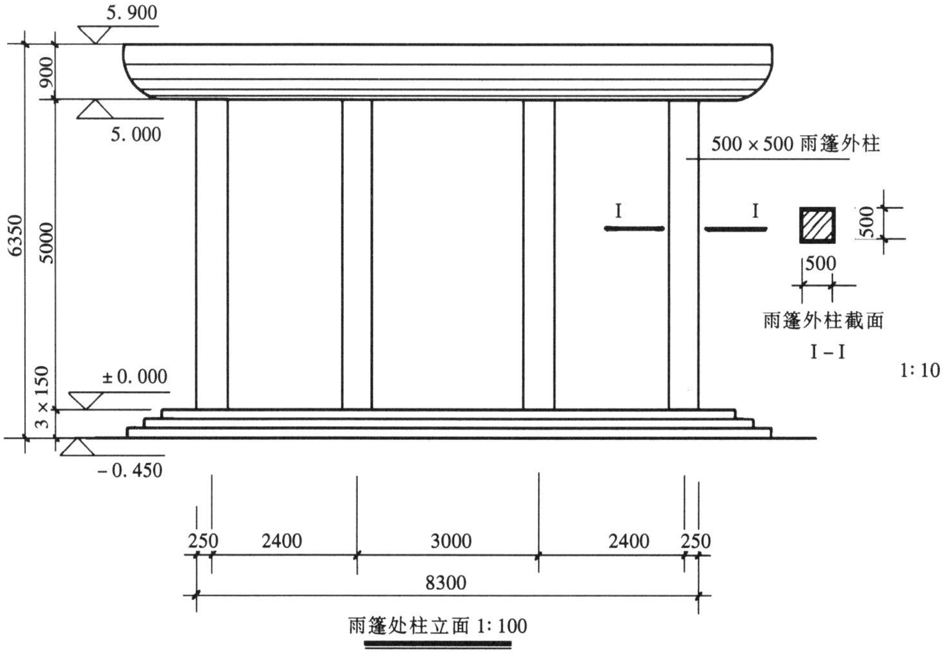

图 3－7　雨篷外柱立面

解：柱结构断面周长 $=0.5\times4=2.0$(m)

柱高 $=5$(m)

汉白玉块料面层工程量 $=2\times5\times4=40(m^2)$

套用《基础定额》11—141，可求得该柱面装饰所用的工料用量。

(三)天棚装饰工程量计算

天(顶)棚抹灰工程量按以下规定计算：

(1)天棚抹灰面积，按主墙间的净面积计算，不扣除间壁墙、垛、柱、附墙烟囱、检查口和管道所占的面积。带梁天棚，梁两侧抹灰面积均并入天棚抹灰工程量内计算。

天棚抹灰工程量 = 建筑面积 - 主墙身所占面积

例 14　图 3-3 为一混凝土面天棚（现浇），采用水泥砂浆抹灰，计算其工程量：

解：天棚抹灰工程量 $=10.14\times6.24-31.8\times0.24-11.52\times0.24$

$=52.88(m^2)$

套用《基础定额》11—288 即可求得工料用量。

(2) 天棚抹灰带有装饰线时，区别按三道线以内或五道线以内按延长米计算，线角的道数以一个突出的棱角为一道线。

例 15　见图 3-3，建筑物的天棚墙角采用如图 3-8 的装饰线。设计要求做天棚抹灰装饰线。

解：工程量计算如下：

外墙里皮装饰线净长度 $=29.88$(m)

内墙两侧装饰线净长度 $=23.04$(m)

装饰线工程量合计 $=29.88+23.04=52.92$(m)

套用《基础定额》11—304 即可求得其工料。

(3)天棚中的折线、灯槽线、圆弧形线、拱形线等艺术形式的抹灰，按展开面积计算。

例 16　将一建筑物的天棚作成如图 3-9 的形式，计算其工程量。

解：工程量计算如下：

天棚工程量 $=7.5\times6+(5.5+4)\times2\times0.5=54.50(m^2)$

套用《基础定额》相应子目即可求得工料用量。

(4) 各种吊顶天棚龙骨按主墙净空面积计算，不扣除间壁墙、检查口、附墙烟囱、柱、垛和管道所占面积。但天棚中折线、迭落等圆弧形及高低吊灯槽等部位的面积也不展开计算。

例 17　图 3-9 设计要求在混凝土板下用方木龙骨作为天棚骨架，计算其工程量。

解：其工程量 = 净长 × 净宽 $=7.5\times6.0=45.00(m^2)$

再套用《基础定额》11—314，可求得该方木龙骨的工料用量。

(5)天棚面层工程量的计算

①天棚面层装饰面积，按主墙间实铺面积以平方米计算，不扣除间壁墙、检查口、附墙烟囱、附墙垛和管道所占面积，应扣除独立柱及与天棚相连的窗帘盒所占的面积。

例 18　图 3-9，设计要求面层做成石棉隔音板面层，计算其工程

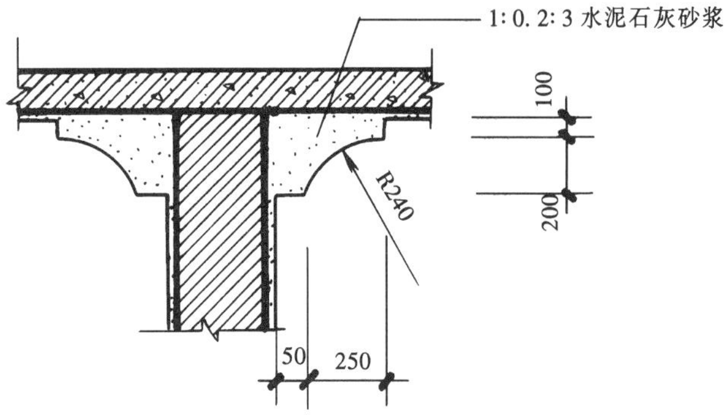

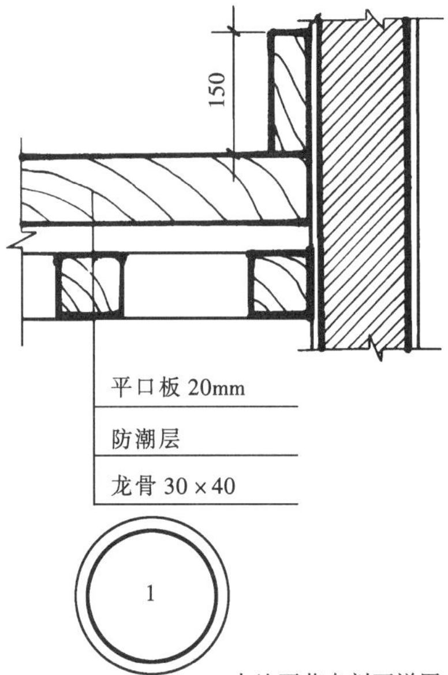

木地面节点剖面详图　1∶50

图 3－8　天棚抹灰装饰线

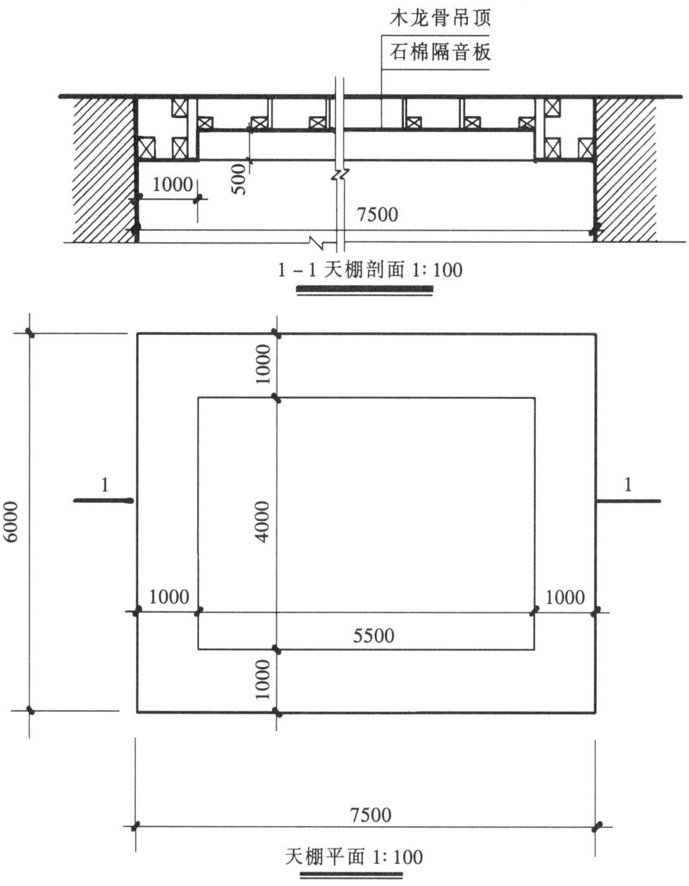

图 3－9　天棚平面、剖面

量。

解：工程量 $= 7.5 \times 6.0 = 45.00(m^2)$

套用《基础定额》11—392，即可求得工料用量。

②天棚中的折线、跌落等圆弧形、高低灯槽及其他艺术形式天棚面层均按展开面积计算。

解：跌落展开面积 $= (5.5 + 4) \times 2 \times 0.5 = 9.5(m^2)$

合计面层工程量 $= 45 + 9.5 = 54.5(m^2)$

（四）门窗工程量计算

各类门、窗制作，安装工程量均按门、窗洞口面积计算。

例 19　图 3－3，窗口尺寸 1500mm×1800mm，共五个窗户。该窗户采用铝合金推拉窗，计算其工程量。

解：工程量 $=1.5\times1.8\times5=13.5(m^2)$

门窗的盖口条、贴脸、披水条，按图示尺寸以延长米计算，执行木装修项目。

如果窗户上部或侧边带有半圆形窗，工程量应分别按普通窗和半圆窗计算，其分界以两窗之间的横框上裁口线作分界线。

（五）油漆、涂料、喷涂、裱糊工程量计算

(1) 楼地面、天棚面、墙、柱、梁面的喷刷涂料、抹灰面、油漆及裱糊工程，均按其相应的工程量计算规则规定计算。

(2) 木材面、金属面油漆的工程量分别按工程量系数（见表 2-2，表 2-3）规定计算，并乘以表列系数，以平方米计算。

例 20　采用 M-2 为 $0.9\times2.1(m^2)$ 的单层木门，设计要求刷底油一遍，刮腻子和调和漆二遍。

解：工程量 $=1.0\times0.9\times2.1=1.89(m^2)$（1.0 为系数，见表 2-2）

然后套用定额计算工料。

(3) 计算金属面漆工程量

例 21　如 C—1 为单层钢窗，刷调和漆二遍。门窗洞口面积为 1500mm × 1800mm。

解：　工程量 $=1.0\times1.5\times1.8=2.7(m^2)$

假如该窗采用一玻一纱窗，计算其工程量。

解：工程量 $=1.48\times1.5\times1.8=4.0(m^2)$　（见表 2-3，其中 1.48 为工程量系数）

(4) 计算贴壁纸工程量

一般按实贴面积计算工程量。

工程量 = 外墙里皮净长度 - 门窗洞口面积 + 洞口两侧壁及顶面面积 + 内墙两侧墙面净长度 × 高度 - 内墙面上门窗洞口面积 × 2 + 洞口两边侧壁和顶面积 × 2。

然后套用相应定额计算其工程量。

五、工程量计算应注意的问题

计算工程量要熟悉工程内容和定额的使用方法。有时工程项目与定额规定用材料或做法内容上不大相同时，应按定额规定方法进行换算、补充或暂估，并注明是换算还是暂估的编号。

如例 3　经配合比换算后的定额编号为 8-74 换，换算后的定额单价还应随之相应调整。

注意问题如下：

(1) 若图样不够清楚，尺寸、用料及作法在计算前要弄清楚。对随机性因素较大或实在无法可依的地方，可采用习惯作法，或和业主协商后采用一种作法，并在编制说明内加以说明以便结算核对及修改。

(2) 工程量计算之前，一定要熟悉定额规定工作内容及做法；工程量计量单位要以定额的计量单位为准；列出工程量计算项目的同时，要确定定额子目并列出定额的编号，采用什么定额要加以说明。

(3) 工程量计量时，一般精确到小数点后两位（按本章第二节二、工程量的计算单位计取)。

(4)工程量书写的格式应按规定,算式清楚明了,便于复核检查,计算应准确无误。

作业与思考题

1. 装饰工程的项目划分都有哪些分类方法?
2. 按建筑物空间位置,一般将装饰工程分为哪些项目?
3. 如何计算建筑面积?
4. 编制装饰工程预算都需要哪些资料?
5. 编制装饰工程预算的步骤如何?
6. 为什么说计算工程量是编制预算的重要环节?如何防止工程量漏算、重算和错算?
7. 如何计算整体式或块料面层地面的工程量及踢脚线的工程量?
8. 如何计算顶棚的工程量?天棚面层有跌落时应如何计算其工程量?
9. 如何计算装饰工程内、外墙面的工程量?
10. 如何计算木门窗、窗帘盒的工程量?
11. 如何计算楼梯面层、栏杆扶手、防滑条的工程量?
12. 如何计算台阶面层的工程量?
13. 如何计算独立柱装饰面层、附墙柱面层的工程量?
14. 如何计算木材面或金属面油漆的工程量?
15. 计算工程量时应注意哪些问题?

第四章　装饰工程预算的编制

第一节　编制装饰工程预算的步骤

装饰工程预算是一项繁琐、细致的工作，任何一点疏漏都将引起编制预算失真给业主或承包商带来不可估量的损失，其重要性已如前述。为编制一份准确的预算应依据一定的方法、程序和步骤，才能作到不漏、错和冒算。装饰工程预算因出资方、计价方式和方法不同，预算编制步骤亦有所区别。

按国家现行装饰工程计价方式有两种：一种是连同土建主体结构工程同时由一个承包商施工的，执行建筑工程预算编制方法（如定额单价法或实物单价法），其编制步骤有：①实物单价法：收集资料、熟悉图纸等资料→工程量计算→套用定额→进行工料分析、汇总工料数量→选用市场人工、材料实价→计算工程直接费→计算间接费、利润和法定税金编制出预算：②定额单价法：收集资料、熟悉图纸等资料→工程量计算→套用定额（或估价表）→计算直接费→工料分析汇总（为施工组织设计、材料供应提供资料）→计算间接费和利润、税金；另一种方法鉴于装饰工程一般都在土建工程初装修后由不同承包商进行施工或由于业主的出资方、计价方式和方法不同其编制步骤而不同。有的地方造价管理部门对此规定：二次装饰工程的预算（不含建筑施工企业自行分包装饰工程者）可由双方商定计价方式、方法或按一定方式编制预算，执行一次包死固定价（单价双方在合同中协定），不执行调价；对于外企、合资或个人出资者基本不做规定，有甲乙双方协定。

本章主要介绍由不同承包商施工（二次装饰）的预算编制步骤，其框图见图 4－1。从图中所列步骤和工作内容看出：①编制装饰工程预算其基础是必不可少的编制依据资料（如施工图样、合同或协议、定额和取费标准、施工组织设计和施工方案、设计和施工规范及验收标准、采用的标准图集、造价管理部门发布的市场造价信息和文件等）；②熟悉图纸、造价依据资料和施工现场、施工方案，弄清楚施工内容才能准确无误的套用定额相应子目并计算工程量；③有了工程量用定额标准进行工料分析、汇总并计算工程直接费和间接费、企业利润、税金而编制出预算。熟悉图纸和定额规定、计算工程量、套用定额在装饰工程预算中尤为重要。

从下面的框图可知，进行编制装饰工程预算收集资料做好准备工作是前提，然后熟悉施工图及定额内容，并进行工程量的计算、套用定额在编制装饰工程预算步骤中尤为重要。

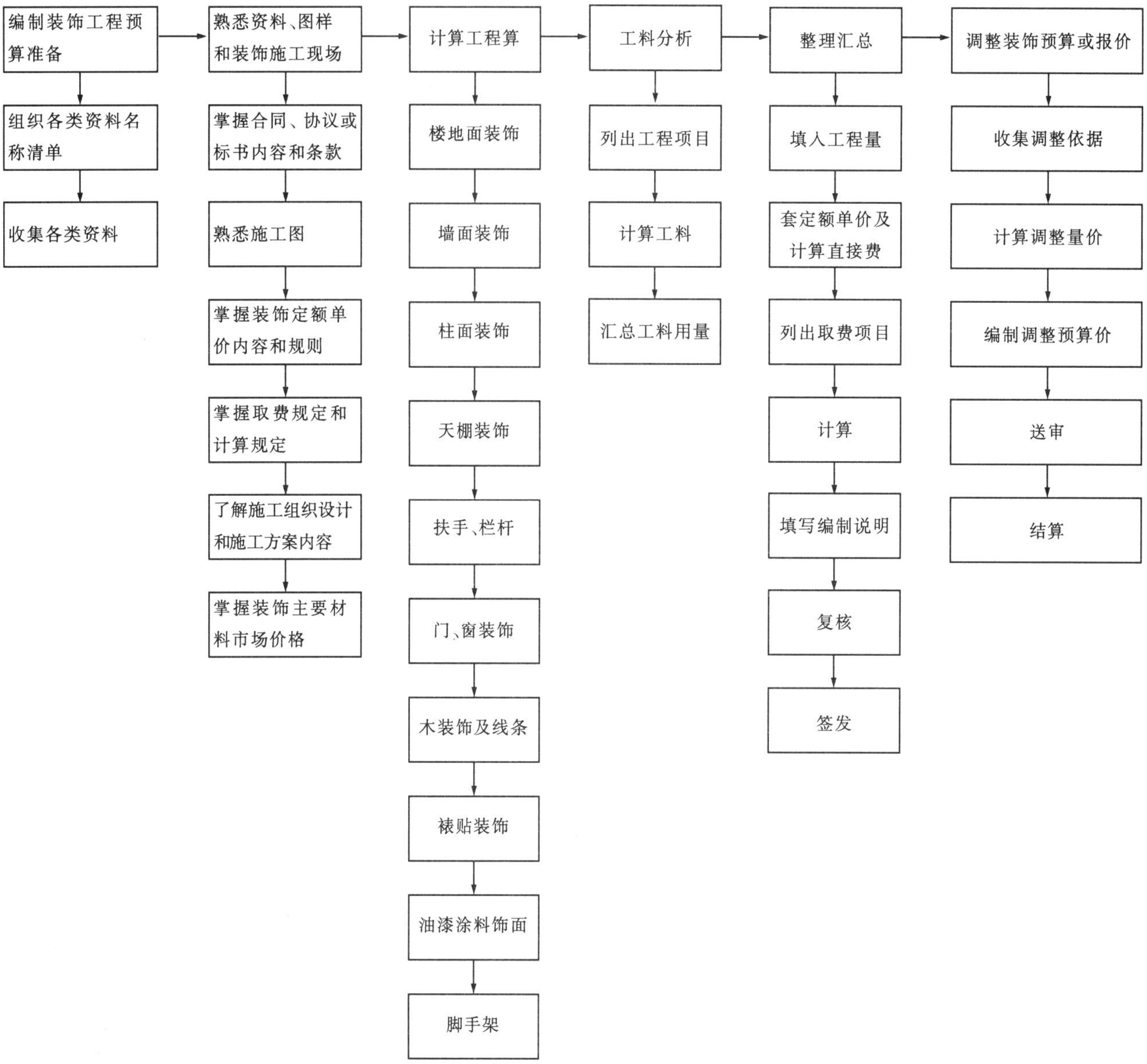

图 4－1　编制建筑装饰工程预算的步骤框图

第二节　装饰预算定额的套用

当工程量已经计算完毕并经复查无误后，就可以套用定额计算直接费(相应的人工费、材料费、机械费)。在建筑装饰工程中，一般只需计算出定额直接费及其中相应的人工费(见表 4－1)。

尽管装饰工程逐步从建筑工程中独立出来，但它仍然依附于建筑工程之上，例如《陕西省建筑工程综合概预算定额》的第十章为“装饰工程”，它不仅涵概了装饰的内容，而且还涵概了金属门窗、木作、楼地面工程的内容。无论是《全国室内装饰工程预算定额》、《全国统一建筑工程基础定额》还是各地方的《××省(市)建筑工程综合概预算定额》，它们都涵概了装饰工程的内容。

一、装饰工程的内容

(一)楼地面装饰工程

(1)整体式楼地面:如水磨石楼地面。

(2)块料楼地面:如大理石、花岗岩、预制水磨石、彩釉砖、水泥花砖、缸砖、陶瓷锦砖(马赛克)、拼碎块料、镭射玻璃、凸凹假麻石块、玉石板、块料面层打蜡、塑料及橡胶板、防静电楼地板、铺地毯等。

(3)木地板:柚木地板、企口柚木地板、硬柞木地板、企口硬柞木地板、双层木地板(带木基层)、枫木条形木地板、席纹木地板、拼花木地板、复合木地板及其他特殊构造楼地板。

(二)墙、柱面装饰工程

(1)镶贴块料面层:包括天然石材饰面(如:大理石、花岗岩、蘑菇石、各种天然碎石拼花墙、柱、楼地面)、人造石材饰面(如:人造大理石、剁斧石、瓷砖、釉面砖、陶瓷锦砖(马赛克)墙、柱饰面)、金属板墙、柱饰面(如:镜面不锈钢柱、金属墙面、亚光不锈钢板墙、金属柱面、金属板涂层饰面墙、柱面等)、玻璃饰面(如:镜面玻璃墙或柱面、茶色玻璃砖墙、柱饰面、彩绘玻璃墙、柱面等)及玻璃幕墙(如:金属型材骨架玻璃幕墙、隐形骨架玻璃幕墙、无金属骨架玻璃幕墙)。

(2)涂、裱、罩面层:包括复合涂层墙、柱面(如:浮雕式大点、压花水性面漆饰面、浮雕式喷涂中点压花、合成乳液喷点料油性面漆饰面、彩色多彩花纹漆饰面)、涂层饰面墙、柱(如:金属面刷漆饰面、木基层刷漆饰面、清漆磨退饰面、油漆椴木纹饰面)、裱贴壁纸墙、柱(如:PVC 壁纸裱贴墙柱面、高发泡壁纸裱贴墙柱面、低发泡壁纸裱贴墙柱面、金属壁纸裱贴墙柱面、纺织壁纸裱贴墙柱面、布基壁纸饰面、玻璃纤维布壁纸饰面)、木饰面墙、柱(如:水曲柳、板墙柱饰面、柚木板墙柱饰面、花梨木墙柱饰面、榉木板墙柱饰面、夹板基层表面粘柚木皮饰面、夹板基层保丽板饰面)、轻质隔断墙(如:泰柏板隔断、石膏板隔断、岩棉板隔断、纤维板隔断)、特殊性能墙、柱面、装饰布饰面墙、柱(如:天然纤维〈棉、麻、丝〉墙布、人造纤维〈尼龙、腈纶、涤纶〉墙布)。

(三)天棚工程

(1)金属饰面的吊顶,如铝合金条板吊顶、铝合金扣板吊顶、铝合金异块板材吊顶、铝合金格栅吊顶。

(2)活动式吊顶,如铝合金明龙骨玻璃纤维板饰面吊顶、铝合金明龙骨矿棉板饰面吊顶、喷塑⊥形金属明龙骨玻璃纤维板饰面吊顶。

(3)龙骨隐蔽式吊顶,如上人(或不上人)金属龙骨石膏板基层裱贴壁纸吊顶、上人(或不上人)金属龙骨纤维板或胶合板裱贴壁纸吊顶、木龙骨刷防火漆石膏板(或纤维板、胶合板)基层裱贴壁纸(或涂层)吊顶。

(4)敞开式吊顶,如金属型材龙骨金属网饰面吊顶、金属型材龙骨木格子吊顶、木质网格单元体装配吊顶。

(四)门窗工程

按材料划分:有木制门窗、钢门窗、铝合金门窗、塑钢门窗;

按开启的形式划分:有推拉式门窗、平开式门窗、固定式窗、百页门窗、悬窗、转门窗、弹簧门、自动门。

(五)油漆涂料工程

其中主要包括:木制面刷油漆;金属面刷油漆;其他材料面刷油漆。

(六)其他工程

主要包括招牌、美术字等的安装、压条、装饰条及一些零星装饰等。

在套用定额时,应按装饰工程的分项情况查找相应的定额子目。例如,楼地面章节中有块料面层,而装饰章节中也有块料面层,但两种情况是不同的,因为定额并非都编排在装饰工程的章节中。

二、装饰工程的定额套用与表格填写

装饰工程预算表见表 4 – 1。

表 4 – 1　　装饰工程预算表

20　　年　　月　　日　　　　第　　页

工程编号__________

工程名称__________

序号	定额编号	分项工程名称	单位	工程量	单价(元)/100m²	金额(元)	其中人工费	
							单价	金额
1	10 – 789	轻钢龙骨吊顶	100m²	0.5	5883.28	2491.64	534.76	267.38
		小计						
		合计						

单位:　　主管:　　审核:　　编制:

1. 定额编号

用分项工程套用的定额子目编号。可能有以下几种情况:

(1)直接套用定额子目。凡分项工程工作内容、施工方法、用工和用料与定额一致的可直接套用定额。

注意应在定额编号栏内填写与定额子目编号一致的号码,号码中横线前面的数字表示为分部号或章节号,横线之后的数字表示为子目的分项号。如 10 – 789 表示为第十章装饰工程第 789 号子目。

(2)在套用定额时,凡定额中的单价与现时单价不符,如定额规定允许调整换算后,可在定额编号后加上“换”字,表示定额中的单价已经过换算,不再是原有的单价。

(3) 套用建筑标准做法时,应按标准做法的定额单价本来的意义取一个适当的标记号。例如“窗标 c215”表示套用标准窗价格 215 号子目。

(4)套用基本定额时,如果是乘上某一个系数换算的,则必须填写所乘的系数。如“5 – 2 人 × 1.2”表示“5 – 2”项目中人工单价乘以 1.2 系数;“5 – 4 × 1.15”则表示“5 – 1”整个项目乘以 1.15 系数。

(5)套用基本定额子目时,如果定额说明规定允许换算单价的,则必须在定额编号后填写定额说明的条文编号。如(8 – 264)说 17,表示“8 – 264”定额子目按照说明 17 调整了单价。

(6) 套用补充定额时，必须填写补充的定额编号，则前面加上“补”字，如“补 32”表示补充定额第 32 号项目的预算单价。

2. 分项工程名称

系指工程项目所在分部的名称。如天棚轻钢龙骨吊顶。

3. 单位

应填写与定额一致的计量单位，否则应换算成与定额一致的单位。如 m，m^2，$10m^2$、$100m^2$ 等。

4. 工程量

指分项工程的工程量。如果工程量计量单位与定额不一致时，应换算一致。如轻钢龙骨吊顶，二、三级上人吊顶 $100m^2$，定额基价为 5883.28 元，而计算出的工程量为 $50m^2$，与定额不一致，应将工程量换算成 $50m^2 \times 10^{-2} = 0.5$（百平方米）。

5. 单价

指定额中分项工程单位产品的预算价值或基价，应按照定额编号所指分项工程的预算价值填写。

如查得定额 10－789 装配式 U 型轻钢龙骨面层为 300mm×300mm，二、三级上人轻钢龙骨吊顶的基价为每百平方米 5883.28 元。

6. 金额（或合价）

金额＝单价×工程量。

即　5883.28×0.5＝2491.64（元）

7. 人工费单价

指定额中与预算单价对应的人工费单价。

上述 10－789 子目中的人工费单价为 534.76 元。

8. 人工费金额

人工费金额＝人工单价×工程量

＝534.76×0.5＝267.38（元）

三、装饰预算定额的调整

套用定额时，遇到以下情况，须对套用的定额单价进行调整。

(1) 与定额中某一分项工程名称相同或相似而内容却不完全相同的分项工程项目，如直接套用定额单价是不合适的，必须将定额单价调整后方能套用。

(2) 凡符合定额说明中规定允许调整的内容，则按照规定办法对所套用的定额子目进行调整。

调整换算办法详见第二章第二节“四”。

四、定额中缺项的处理

在定额中，如果没有相应的项目，也没有相似的定额单价参考或换算，那么就必须自行估计工、料，制定相应的补充定额或补充单位估价。

补充单价按各省、市、自治区规定的审批手续报批后方能使用。

编制补充定额时，价格不高且影响造价不大的一次性使用的补充定额，经业主及当地有关建行同意方可使用；价格高且影响造价大的项目，必须经当地造价管理部门审批后方可使用。

编制补充预算定额，必须以当时、当地的实际情况为基础，要有可靠的依据，做到实事求是，既不高估也不低算。

五、套用定额应注意的事项

要熟悉定额总说明及各分部工程的使用说明。

(1)要弄清定额的适用范围。例如，综合预算定额只适用于新建及扩建工程，不适用于修缮、抗震加固和人防工程。

(2) 弄清哪些定额允许换算，哪些不允许换算，以及定额换算的方法、规定等。如定额中的木材用量，都是经过加工后的规格材料用量(规格材料指厚度符合设计与施工要求的板材、断面和长度尺寸符合设计、施工要求的方材)，否则就得换算；又如：供应的原木，应按量价系数换算；外墙面普通抹灰中综合考虑了嵌条与分格工料因素，使用时不得换算。

(3)要正确掌握各分部分项工程的工程量计算规则，弄清哪些应扣除，哪些不应扣除；哪些应合并计算，哪些不应增加。如天棚面层按主墙间实铺(胶)面积计算，不扣除间壁墙、检查洞、附墙烟囱、附墙垛和管道所占面积，但应扣除独立柱及与天棚相连的窗帘盒所占面积。又如，带梁天棚两侧的抹灰按展开面积计算并入相应抹灰天棚面积内。

(4) 正确掌握定额项目综合范围，哪些内容是定额中已经综合考虑了的，哪些未包含在定额范围内，均应弄清楚。例如：普通抹灰每增减 1mm 的子目是按不同配合比的砂浆综合考虑的，故使用时不允许按实换算。

套用定额注意事项还很多，需要通过反复的实践应用逐步掌握。

六、材料差价的处理

工程预算定额内的材料预算单价随着市场的变化而经常变化。当材料价格变化后，就要影响到工程预算定额单价的准确性，进而影响到工程造价的准确性。解决这个问题的办法是：按规定调整材料的差价，由此来调整工程造价因材料价格变化而引起的差额。材料调价的办法有两种：

(1)按综合调价系数计取。它是以基本直接费为基数，乘上一个系数，即：

$$材料差价 = 材料基本直接费 \times 材料调价系数$$

(2)按单项材料的价差进行调整，其材料的价格差，按各地区规定的价差执行。

$$材料价差 = (市场价格 - 原预算价格) \times 相应材料数量$$

或 $材料差价 = 材料原预算价格 \times 单项材料调整系数 \times 相应材料数量$

表 4-2　　某工程主要材料价差计算表　　单位：元

材料名称	规格	单位	数量	市场价格	预算价格	价差	金额
花梨木板		m^2	50	60.00	52.00	8.00	400
水曲柳胶合板		m^2	30	50.00	42.00	8.00	240
合计		元					640

这样，在套用定额单价之后，将材料的差价最后作统一处理，减少了预算中的混乱现象。

装饰工程所有项目的定额直接费计算完毕后，应将各分部工程的直接费及人工费进行汇总，并将直接费及人工费总和填入“装饰工程取费程序表”A及B栏内（见表2-16），然后再计算其他费用。其中，差价需根据主要材料价差计算结果填写。

装饰工程取费程序表见表2-14至2-16，其中A_{14}为含税工程造价。

第三节 工料分析与计算

人工、材料消耗量分析是调配劳动力、准备材料、开展班组经济核算的基础，是下达任务和考核人工、材料亏盈情况，进行两算（施工图预算与施工预算）对比的依据。

工料分析就是按照分部分项工程项目计算各工种用工数量和各种材料的消耗量。

工料分析的方法是，首先按照预算书编制的工程项目顺序，从预算定额中查出该工程项目各种工、料的单位定额用工、用料数量，然后再分别乘以相应的工程量进行计算。

计算公式：

人工工日 = Σ分项工程量 × 各工种工日消耗定额

材料量 = Σ分项工程量 × 各种材料消耗定额

计算时应按分部分项工程顺序进行，并按分部工程各自消耗的材料和人工工日分别进行计算和汇总，得到每一分部工程的各种材料和各工种的工日消耗总数量。

工料分析的编制方法，一般是采用工料分析表格进行的。具体的填表方法，就是将单位工程施工图预算书中的分部分项工程项目名称、单位、数量及定额编号按顺序填入表格中，然后根据定额编号，查阅各项目的各自单位定额用工、用料消耗数量，并分别填入表格定额数量栏内。再用工程量分别乘其定额消耗数量，得到每一分项的工日和各种材料的消耗数量填入相应的用工、用料量栏内。最后逐项分别加以汇总。

工料汇总，即各工种人工工日数量和各种材料用量的汇总表。它是根据工料分析得到的人工和各种材料的分部分项用量，将全工程的同工种和同材料数量加以汇总，即得到该工程的各工种和各种材料的总消耗量。便于为工程按计划施工备工、备料使用。

第四节 预算书的格式

经过工程量的计算及套用各种定额等一系列工作之后，其结果通常以某工程预算书的格式表示，现将表达格式列出，以供参考。

一、预算书封皮

封皮形式如下：

预算编号：_______

装饰工程预算书

（部　　分）

装饰单位（或用户）：__________________

装饰工程名称　　：__________________

装 饰 面 积　　：__________________（m^2）

工 程 造 价　　：__________________（元）

单位面积造价　　：__________________（元/m^2）

审核单位：__________________

审　　核：__________________

编制单位：__________________

编　　制：__________________

编制日期：　　年　月　日

二、装饰工程编制说明

编制说明的内容为：

(1)装饰工程预算包括的内容；

(2)装饰工程预算采用的定额、价格依据；

(3)装饰工程预算采用的费用定额；

(4)材料价差计取的根据；

(5)其他需说明的问题。

三、装饰工程取费程序表

各具体工程项目可根据当地规定格式列表，一般格式可参见表 2－16。

四、装饰工程预算表

表格形式如下：

装饰工程（预算）明细表

工程名称：※※※※　　　　单位：元

序号	定额编号	分部分项工程名称	单位	工程量	单价	金额	其中：人工费	
							单价	金额

续表

序号	定额编号	分部分项工程名称	单位	工程量	单价	金额	其中:人工费	
							单价	金额
		小 计	元					
		合 计	元					

五、材料价差计算表

表格形式如下:

主要材料价差计算表

工程名称:※※※※ 单位:元

序号	材料名称	规格	单位	数量	市场价格	预算价格	价差	金额
		小计	元					
		合计	元					

六、工程量计算表

表格形式如下:

※※装饰工程量计算表

序号	定额编号	分项子目名称	计算式	单位	工程量

第五节 建筑装饰工程预算实例

为了进一步说明建筑装饰工程预算的编制方法及格式，现举一工程实例“S1会议室装饰工程预算”。

装饰工程预算书

(S1部分)

装饰单位(或用户)：※※※※※※

装饰主体名称：※※※※会议室

装饰面积：214.21m^2

装饰工程造价：280254.44 (元)

单位面积造价：1308.32 (元/m^2)

审核单位：※※※※※

编制单位：※※※※※

审核：※※※ 编制：※※※

编制日期

年 月 日

编制说明

1. 工程内容概况：本工程共有四个会议室、洗手间、过厅，总建筑面积 401.13m²。其中 S1 会议室建筑面积为 214.21m²。该工程主体结构及初装修已经完成，仅对室内进行装饰，其预算包括：地面工程（花岗岩面层）、墙柱工程（乳胶漆墙面、花梨木柱嵌饰面板及装饰条、暖气罩、踢脚板和挂镜线等）、天棚工程（轻钢龙骨吊顶、石膏板跌落或不跌落折线）及门窗工程（S1 不包窗套、包门套及木门制作安装）工程。不包括：电气、灯具、通风空调及家具设施等。

2. 编制依据：《北京市建筑工程概算定额》、《北京市建设工程间接费及其他费用定额》及京造定〔1996〕5 号《关于装饰工程概算编制办法的通知》。

3. 按文件规定：装饰工程实行定额量、市场价采取一次包定方式。①定额量按设计图纸和概算定额的人工工日、主要材料量。②市场价：工资单价、材料价格按市场价计算，可参照开工期《北京工程造价信息》价双方议定；③定额中以元为单位的费用按市场价自行调整；④其他费、现场经费以直接费为基数乘 6.14% 计取；⑤装饰工程不执行季度竣工期调价办法，对市场变化可双方协定风险系数列入预算中。

4. 该工程双方协定风险系数 3% 列入工程造价进行编制预算，其风险费 = 3% ×（1 + 3.4%）见实例表一；工日单价按双方商定 50 元/工日进行计算；花岗岩板按市场价（爵士白 350 - 292.74 元/m²、金花米黄和幻影红 610 - 292.74 元/m² 石膏板 22 - 14.03 元/m²）差进行换算定额单价计算直接费。价差调整见实例表二。

5. S1 会议室暖气罩设计高度 1.14m，定额 0.9m 所以工程量按设计进行调整，见实例表四。

6. S1 会议室装饰图样见实例表五：装饰做法及门窗表。

7. 装饰工程预算见实例表三。

审核单位：______________________________

审　　核：______________________________

编制单位：______________________________

编　　制：______________________________

实例表一

某装饰工程概(预)算编制程序表

工程名称:S1 会议室装饰工程

单位:元

编号	项目名称	取费程序和内容	合价	其中定额基价人工费总合
1	直接费		188281.38	
2	其中:人工费		9039.22	
3	其中:材料费		178216.61	
4	其中:机械费		1025.55	
5	人工费调增	人工费调增按(50－21.46)元/工日	11416.37	10064.77
6	合计直接费	(1)＋(5)	199697.75	
7	其他直接费及现场管理费＋环境保护费	(6)×(6.14%＋0.04%)	12341.32	
8	企业管理费	[(6)＋(7)]×相应费率(14.58%)	30915.30	
9	利润	[(6)＋(7)]×相应费率(9%)	19083.52	
10	风险费用	按双方协定计算(3%)×(1＋3.4%)	6577.45	
11	合计	(6)＋(7)＋(8)＋(9)＋(10)	268615.33	
12	税金	(11)×相应费率(3.3%)	8864.31	
13	劳保统筹	[(11)＋(12)]×1%	2774.80	
14	工程造价	(11)＋(12)＋(13)	280254.44	

编制人:　　　　审核:　　　年　月　日

实例表二

主要材料价差计算表

工程名称：S1 会议室装饰工程　　　　单位：元

定额编号	材料编号	材料名称及规格	单位	定额消耗量	市场价	预算价	价差	调整定额预算单价	备注
10－26	04164	纸面石膏板	m^2	1.09	22.00	14.03	7.97	28.28	材料价差进入定额单价
9－77	04015	爵士白花岗岩石板 600×600	m^2	0.94	350.00	292.74	57.26	348.85	材料价差进入定额单位
9－77	04015	幻影红及金花米黄花岗岩石板 600×600	m^2	0.94	610.00	292.74	317.26	593.25	材料价差进入定额单价

编制人：　　　　审核：　　年　月　日

实例表三　　某会议室装饰工程预算表

工程名称:S1 会议室装饰工程　　　　单位:元

定额编号	分项工程名称	单位	工程量	单价	金额	其中人工费	
						单价	金额
	一、楼地面工程						
9－77 换	爵士白花岗岩地面	m^2	40.12	348.85	13996.74	10.66	427.70
9－77 换	金花米黄花岗岩地面	m^2	0.21	593.25	124.58	10.66	2.24
9－77 换	幻影红花岗岩地面	m^2	168.92	593.25	100212.53	10.66	1800.69
	合计	元			114333.85		2230.63
	二、天棚装饰工程						
10－12 换	轻钢龙骨	m^2	209.25	55.09	11527.58	5.69	1190.63
10－17 换×3	造井每增加高度 20cm	m^2	209.25	35.79	7489.06	1.71	357.82
10－26 换	天棚石膏板面层	m^2	265.25	28.28	7500.66	3.23	856.77
10－35 换	天棚周边压条	m^2	209.25	45.54	9529.25	5.06	1058.81
	合计	元			36046.54		3464.02
	三、墙柱面装饰工程						
12－50 换	包花梨木饰面暖气罩	m	25.88	246.06	6368.12	17.06	441.61
8－146	大理石板窗台	m	25.70	62.87	1615.76	1.95	50.12
9－306	木踢脚板	m	63.60	36.74	2336.66	3.76	239.14
12－52	花梨木挂镜线	m	40.38	14.75	595.61	2.44	98.53
11－95	墙面防水乳胶漆	m^2	190.62	20.47	3901.89	2.65	505.13
11－252	柱面包花梨木饰面板	m^2	5.47	152.26	833.17	29.46	161.21
8－131	椴木压缝条	m^2	5.47	4.36	23.86	0.68	3.72
	合计	元			15675.06		1499.45
	四、木门窗装饰工程						
8－127	包花梨木饰面门套	m^2	17.64	49.66	876.00	14.29	252.08
8－15	花梨木门扇	m^2	10.08	1423.31	14346.96	38.60	389.09
8－5	花梨木饰面五夹板门	m^2	7.56	287.27	2171.76	10.68	80.74
8－130×2	花梨木饰面门贴脸	m^2	35.28	36.70	1294.78	1.26	44.45
8－131	椴木压缝条	m^2	17.64	4.36	76.91	0.68	12.00
	合计	元			18766.41		778.35
	五、脚手架工程						
13－1	脚手架 4.5m 内	m^2	214.21	14.87	3185.31	4.39	940.39
13－9	天棚抹灰每增 1m	m^2	214.21	1.28	274.19	0.59	126.38
	合计	元			3459.50		1066.77
	定额直接费总计	元			188281.38		9039.22

编制人:　　　　审核:　　　　年　月　日

实例表四 某装饰工程量计算表

工程名称：S1会议室装饰工程　　　　年　月　日编制

序号	定额编号	分项子目名称	计 算 式	单位	工程量
		楼地面装饰工程			
		爵士白块料地面	$=0.6\times0.6\times32+1.2\times1.2+0.6\times0.3\times44+(22.5-0.66)\times0.6+(9.3)\times0.66$	m^2	40.12
		金花米黄花岗岩	$=0.05\times0.05\times(11+31)\times2$	m^2	0.21
		幻影红花岗岩	$=(22.5)\times(9.3)-40.12-0.21$	m^2	168.92
		地面合计		m^2	209.25
		天棚吊顶龙骨	$=22.5\times9.3$	m^2	209.25
		天棚面层	$=22.26\times9.06+(22.26-0.6+1.81\times2)\times0.15+(9.06+22.26-3.5)\times0.1\times2+(22.26+9.06-5.5)\times2\times(0.45+0.6)$	m^2	265.25
		周边梨木压条	$=(22.26+9.06)$	m^2	31.32
		墙柱饰面工程			
		墙面喷刷乳胶漆	$=(22.5+9.3)\times4.7\times2-(1.5\times2+4.02\times2+4.1\times3)\times3.48-(0.9\times2.1\times4)-4.2\times2.4-(1.81\times2+22.26)\times1.14$	m^2	170.55
		柱乳胶漆面	$=(1.5\times2+4.02\times2+4.1\times3)\times0.12+(0.4-0.12)\times3.48\times12+0.4\times3.48\times4$	m^2	20.06
		大理石窗台板	$=22.5+1.6\times2$	m	25.70
		暖气罩	$=(1.81\times2+22.26)$	m	25.88
		踢脚线带托	$=(22.5+9.3)\times2$	m	63.60
		挂镜线	$=22.26+9.06\times2$	m	40.38
		柱镶嵌花梨木板边压角条	$=(0.4\times3.42)\times4$	m^2	5.47
		门窗装饰工程			
		镶嵌花梨木板门套及贴脸	$=0.9\times2.1\times4+4.2\times2.4$	m^2	17.64
		花梨木门扇	$=4.2\times2.4$	m^2	10.08
		花梨木饰面板门	$=0.9\times2.1\times4$	m^2	7.56
		椴木门套压缝条	$=0.9\times2.1\times4+4.2\times2.4$	m^2	17.64
		脚手架工程			
		建筑面积	$=(9.3+0.12)\times22.74$	m^2	214.21

编制人：　　　　审核：　　　　年　月　日

实例表五

某装饰工程装饰做法及门窗表

工程名称:会议室装饰工程

序号	装饰部位名称及编号	洞口尺寸(宽×高)或规格	单位	数量	地 1	窗套 1	门 1	门 2	门 3	门 4	门 5	门 6	棚 1	棚 2	棚 3	棚 4	暖气罩 1	暖气罩 2
1	S1 会议室				地 1		门 1	门 2					棚 1				罩 1	
2	S2 会议室				地 1	窗套 1			门 3	门 4				棚 2				罩 2
3	S3 会议室				地 1	窗套 1			门 4	门 4					棚 3			罩 2
4	S4 会议室过厅				地 1						门 5					棚 4		罩 2
5	卫生间											门 6						
	门窗表																	
1	C－1 不包窗套	4020×3480	樘	2														
2	C－2 不包窗套	4100×3480	樘	3														
3	C－3 不包窗套	1500×3480	樘	2														
4	C－4 包窗套	2400×2400	樘	2														
5	C－5 包窗套	2100×2400	樘	3														
6	M－1 包门套、硬木门制安	4200×2400 无亮自由门	樘	1														
7	M－2 包门套、五夹板门制安	900×2100 无亮五夹板门	樘	4														
8	M－3 包门套、五夹板门制安	1000×2400 带亮五夹板门	樘	2														
9	M－4 包门套、硬木门制安	2400×2400 无亮自由门	樘	2														
10	M－5 包门套、硬木门制安	4500×3000 带亮自由门	樘	1														
11	M－6 包门套、木百叶门制安	700×2400 带亮	樘	4														

实例表六

工程名称：S1 会议室装饰工程　　　　单位：元

定额编号	分项工程名称	单位	工程量	单价	金额	其中人工费	
						单价	金额
	一地面						
8-87	爵士白花岗石	$100m^2$	40.83/100	31885.01	13018.65	758.98	309.89
8-87	金花米黄花岗石	$100m^2$	0.21/100	31885.01	66.96	758.98	1.59
8-87	幻影红花岗石	$100m^2$	163.62/100	31885.01	52170.25	758.98	1241.84
	合计				65255.86		1553.32
	二天棚						
10-797	装配式 U 型轻钢龙骨(二、三级上人)	$100m^2$	203.9/100	4914.42	13217.2	478.5	1286.78
10-859	天棚面层(600×600)石膏板	$100m^2$	268.92/100	1179.18	3171.05	262.61	706.21
7-189	天棚周边木装饰压角条	$100m^2$	64/100	550.44	352.28	491.15	314.34
10-288	聚氨酯漆两遍	$100m^2$	3.3/100	1149.58	36.79	568.27	18.18
	合计				16777.32		2325.51
	三墙、柱面装饰						
补 7-3 换	挂镜线(BCD 墙面)	$100m^2$	62/100	7669.25	427.94	2566.8	143.23
10-284	聚氨酯漆	$100m^2$	5.58/100	1149.58	64.15	568.27	31.71
10-432 10-438	墙柱面乳胶漆饰面(三遍)	$100m^2$	159.24/100	443.39	706.05	118.4	188.54
5-45 补	A 墙柱面镶嵌花梨木板(基层细木工板)	$10m^2$	2.5/10	1339.6	334.9	202.5	50.63
10-332	漆片、硝基清漆	$100m^2$	2.5/10	3039.11	75.98	1543	38.57
7-186	花梨木板边镶嵌花梨木压角条	$100m^2$	26/100	202.65	57.37	49.15	12.78
补 7-3 换	花梨木面层踢脚板	$100m^2$	9.534/100	7669.25	731.19	2566.8	244.95
10-332	漆片、硝基清漆	$100m^2$		3039.11	290.02	1543	147.1
7-186 (换)	踢脚椴木条压线角	100m	63.52/100	220.65	140.16	49.15	31.22
	合计				2827.76		888.73

第六节　计算机辅助编制装饰工程预算

一、计算机辅助编制装饰工程预算的意义

装饰工程预算，首先要求熟悉装饰工程的施工图纸，以便进行工程量的计算，同时还应熟悉装饰工程预算定额，以便正确地套用定额，然后才能作出质量较高的工程预算。在操作过程中，要进行大量的、重复的计算工作，不仅效率低且易出差错，修改困难较多。作为现代化的运算工具——计算机，可以代替人们进行这些繁琐的工作，它具有快速、准确、完整、简捷、存储量大、节省人力、操作简便等优点，大大提高了编制工程预算的质量和现代化经济管理的水平，用计算机代替手工辅助编制工程预算势在必行。

二、计算机辅助编制装饰工程预算的步骤

用计算机编制装饰工程预算的方法和步骤与手工编制的思路和步骤基本相同。所以用计算机辅助编制装饰工程预算，就要求预算人员必须懂得预算编制的原理、方法，熟悉施工图、施工方法，以及定额的应用方法。

其主要步骤是：

(1)熟悉施工图，进行工程量的计算；

(2)套用定额；

(3)计算工程造价；

(4)进行技术经济指标分析及工料分析。

用计算机辅助编制装饰工程预算，除了要求预算人员具有手编技能外，还要学会运用和操作计算机并熟悉计算机编制预算软件的功能。又由于各省、市、自治区预算定额及取费规定不尽相同，因而预算软件的操作方法也略有不同。应用计算机辅助编制装饰工程预算的工作人员，要认真阅读预算软件的操作手册，以适应当地编制预算软件的操作能力。

三、用计算机编制装饰工程预算的基本操作程序

操作程序框图见下图：

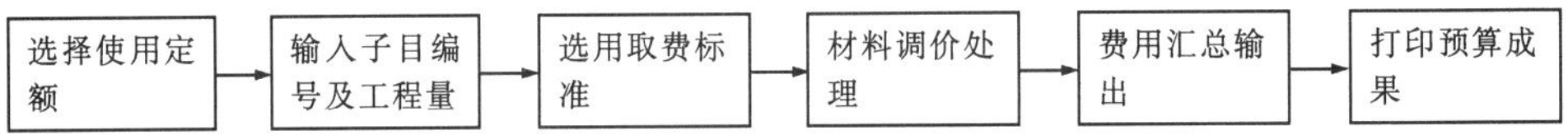

图 4－2　操作程序框图

(一)选择使用定额

各省、市、自治区编制的预算软件往往综合有建筑工程预算定额、安装工程预算定额、仿古园林工程及装饰工程预算定额等，应用时要加以选择。例如选择“装饰工程预算定额”。预算人员应当熟悉该定额，这样才能对具体施工图在进行工程量计算时，子目列项有明确的针对性，使工程量与定额子目相吻合或相近。

（二）输入子目编号及工程量

列出与定额子目相吻合的定额编号，并向计算机输入装饰工程的工程量（直接输入或用算式输入），进行操作后，计算机便可直接汇总给出某一子目的人工费、材料费、机械费及综合费用。

在使用预算软件时，要注意原始数据表的填写、综合定额编号及填入数据的计量单位等几个关键问题，掌握程序中各种表格的填写方法与规定，这样才能提高录入数据的效率。

（三）选用取费类别与标准

计算机预算软件通过上述运行，只能算出装饰工程的直接费。进一步的工作是根据各省、市、自治区的费用定额，按照不同的工程类别选用费用定额。运用计算机预算软件进行计算时，应特别注意查看费用的基数和费率的正确性，否则应立即进行修改。如再行操作，计算机便会迅速地算出装饰工程的预算造价和各项经济指标。

（四）调价、换算

装饰工程日新月异，发展迅猛。无论是材料价格、还是施工方法、工艺，变化都很快，而定额在某一时期相对比较稳定，如何使定额更能适应市场变化的需求，将变得越来越重要。目前的解决办法是进行调价和换算处理，计算程序中一般都具有这样的功能。例如材料价格、预算价格与市场价格不一致，这在预算中应该进行调差的处理。又如在包门板时，既可以用水曲柳，又可以用榉木板、花梨木板等，这些材料还有质量差别，难以穷尽，这在预算中应加以调整或换算。尤其在市场经济下，装饰工程预算的难度与可变性会越来越大，如何解决这一问题，迫在眉睫。有些地区的软件将材料汇总成数据库，其定额子目单价同数据库相连，如数据库价格调整，其定额子目单价也随之变化；还有的采用利用系数统一确定；有的地区还将此材料数据库同市场价格信息网连接可自动更新价格，总之，在日新月异的高科技发展时代解决这类问题已不再是难题了。

（五）费用汇总输出

经过调价处理的预算价格比较接近当时的市场工程造价。一般差价处理的方法是将预算价格与市场价格单独做出处理。这需要将预算价与价差部分进行汇总，再套用费用定额，计算出装饰工程的总造价。

（六）检查、审核，并打印预算成果

这步工作分为三步进行。一是预算编制人员对已估的预算要进行自查修改，二是经过有关人员进行审核才能作为正式的预算文件，第三步即最后打印装订成册。

第七节　计算机预算软件实例

本节为大家推荐由上海雪地电脑科技发展有限公司代理的计算机预算软件“估价师”。软件其独特的量价分离式数据库管理模式，为使用者进行异地或其他行业的报价创造了得天独厚的优势；软件采用 Windows 多窗口的友好界面、明细消耗项层层嵌套展开，为使用者创造了一屏在目则博览（定额）群书的功效，使您不用为翻厚厚的几本定额而发愁。该软件广泛运用于工程估算、概算、预算、决（结）算、审计，快速报价和通用工程报价等领域，适用于业主、监理、设计、承包商（总承包或施工承包）、审计或招投标咨询单位的使用。该软件依照国际先进工程报价和项目管理模式，满足各类企业对工程招投标、预决算和成本控制管理等多方面的要求。软件设计了友好的界面、先进的技术、简便的操作、强大的功能、通用性和专业性的有机融合，方便高效，必将成为管理者、概预算工程师、审计工程师等从事工程造价工作人员的得力助手。

一、软件功能特点

1. 操作简便性：Windows 多窗口的友好界面，明细消耗项层层嵌套展开，明了简捷，让您完全脱离定额书进行操作。

2. 数据通用性：

(1)企业可进行跨地区、跨行业的套（报）价活动。（包括三十多种不同省市、行业的土建、安装、市政、装饰、水利、水电、公用工程等定额、单位估价表）

(2)项目可以跨册、跨行业、跨地区地套用各类定额、单位估价表。

3. 数据开放性：采用开放式数据库，可自行维护定额，不但套（报）价过程中，可自由输入自估定额，并且可以根据企业自身水平，自建企业内部定额和价格库。

4. 量价分离性：采用量价分离的原则，可灵活地替换价格，可便捷地联接价格信息，可准确快速地提供所需价差。

5. 管理规范性：国际标准规范的 WBS、OBS 的编码结构，形成所需的多级管理网络，可极大地提高工作效率。

6. 智能性：多级智能工作包的管理，能减少大量重复工作，实现快速套（报）价。

7. 与 EXCEL 接口的功能，能实现与 EXCEL 的相互读写。

8. 操作灵活性：

(1)砼级配等换算功能齐全。

(2)灵活多样的系数处理（子目系数的处理、综合系数的处理、批量调整系数），可完美地解决各类系数调整问题。

(3)可编辑的取费表，根据不同地区不同行业的取费标准可建立任意种取费公式，并且用户可自由编辑。

(4)多种方式的主材处理。

(5)独立方便的处理国外引进部分（包括设备、材料、资料软件等）。

(6)多种格式的报表供你打印时选择。

9. 消耗项中多种码值（更新码、自定义码等）的使用，能对施工管理过程中的工料机等进行动态管理控制。

10. 数据兼容性：与国外进度软件的接口（OPP、P3、SureTrak）。

二、报价过程管理操作步骤

1. 进入软件系统后，首先进行项目注册新增或合并、复制一个工程，即进入软件的报价系统。

2. 选择定额册或直接输入定额子目编号进入报价系统。

该系统包括土建工程、安装工程、市政工程、公用工程、装饰工程、水

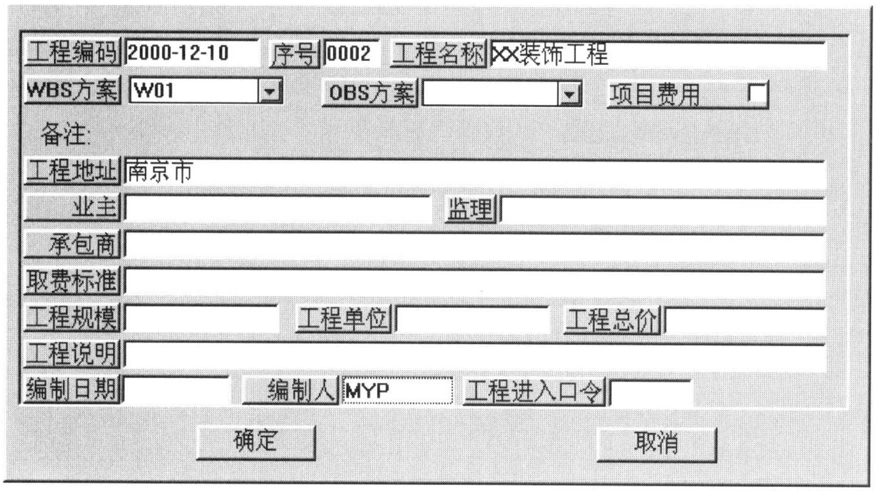

图 4－3　项目注册

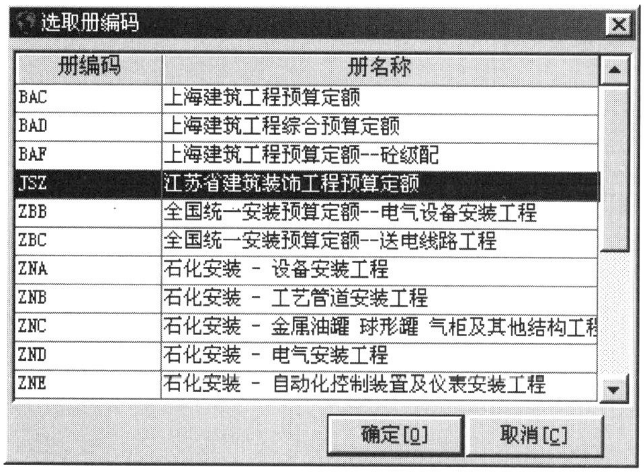

图 4－4　选择定额册

利、水电等三十多种不同省市的多种定额和单估表由使用者选用。

3. 进行项目工作分解和组织结构分解，如项目不需要进行网络计划管理可省略此项操作。系统采用国际标准规范的 WBS(WORK BREAKDOWN STRUCTURE)，OBS(ORGANIZATION BREAKDOWN STRUCTURE)编码结构，用户可设多达 11 级次编码。报价过程中，可根据需要按任意 WBS 或 OBS 的级次进行排序、汇总、工料机分析、取费。并可形成管理所需的多级网络。一旦 WBS、OBS 方案建立完成，可为多个工程使用。故一个行业或企业只需建立一套完整的经过规划的编码方案即可。

4. 执行报价，按照选定的定额子目相应工作内容输入工程量即可进行报价计算。用户可根据报价要求进行定额子目的消耗人工、机械、材料和定额单价的处理，其处理内容如下：

(1)选中的定额子目的明细消耗项可嵌套展开至最底层，且其量与价，

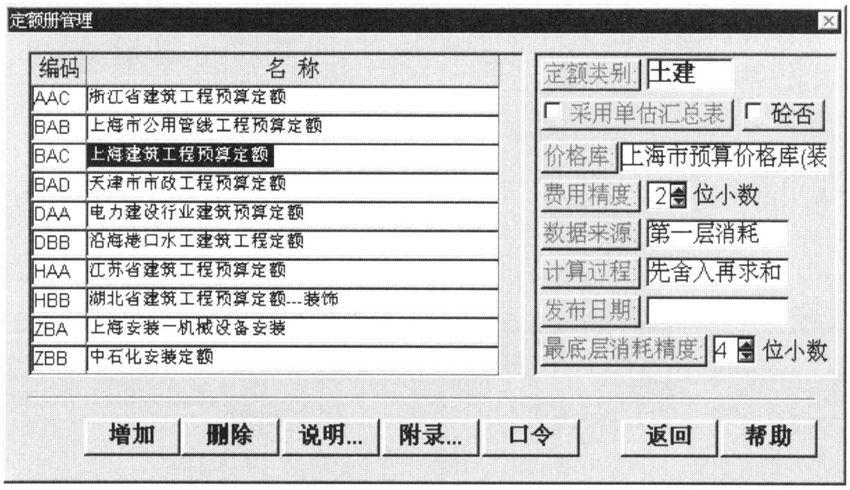

图 4－5　选择定额册及消耗项设置

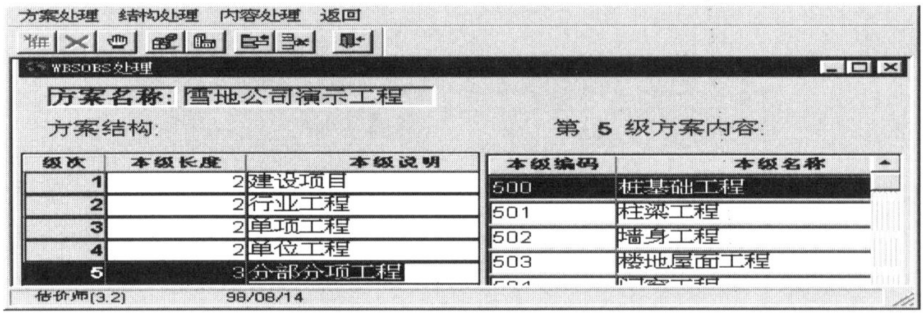

图 4－6　工作分解结构 WBS

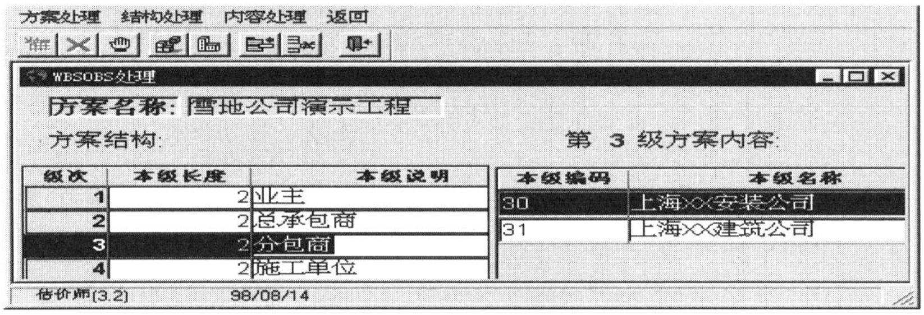

图 4－7　组织分解结构 OBS

可进行增加、删除、替换等多种处理。企业可根据自身水平或施工组织设计要求对各消耗项的量价进行调整。

(2)可批量处理工程的国内外主材、设备等。可随时选取需进行主材或设备费用处理的子目进行操作，系统会按照要求单列或回摊到定额单价中。在主屏中，可不通过主材库直接进行主材处理、主材合并和打印主材清单。

(3)灵活的系数处理。既可对单条子目进行系数处理，也可批量选取进

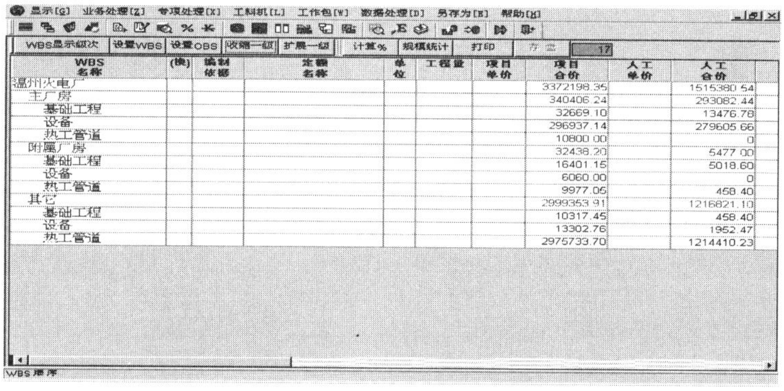

图 4－8 执行报价报表形式

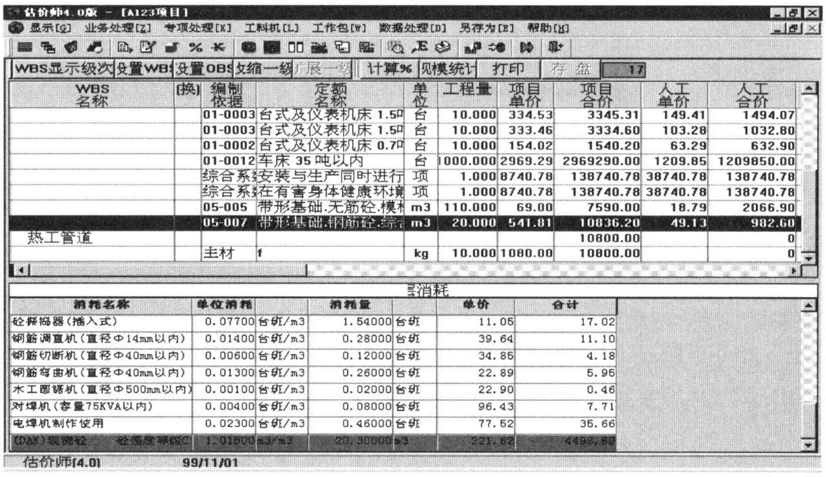

图 4－9 明细消耗项展开层

行综合系数处理；在主屏中，项目单价、工、料、机、主材、设备、分包、其他等共八个单价栏位可直接作系数调整，单击鼠标右键会弹出如下所示一小窗录入调整系数；在工料机分析的对话框中对某一消耗项数量进行调整后，系统会对主屏中含有该消耗项的所有定额子目批量更新费用。

(4)利用消耗项进行砼级配和商品砼的换算。

(5)系统能够按任意级次（或范围）汇总工料机消耗项，对工料机进行明细分析，并随时显示消耗项所占百分比。

(6)用户可将一个工程的资料或设计标准规范生成工作包存取，减少大量重复工作，建立快速报价模板。工作包按组、包、项目的层次关系进行管理，为一树状结构，工作包是项目的集合。工作包是制作一个独立构件所包含项目的逻辑组，例如一段砼路面或一套装置的安装，代之单独一个个的选取定额子目，通过工作包可达到成组选取定额块或项目的目的；可随时替换或增减包内项目；可随时调整其项目明细；并可显示工作包的单位经济技术指标，见图 4－14 所示。

5. 工程取费：根据不同地区、行业取费标准的差异，系统可以建立多种

图 4－10　利用系数调整定额单价

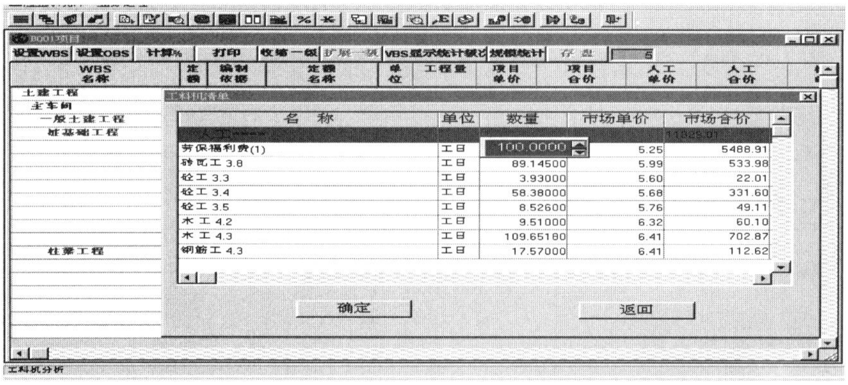

图 4－11　在二级子目对某一定额消耗项进行修改

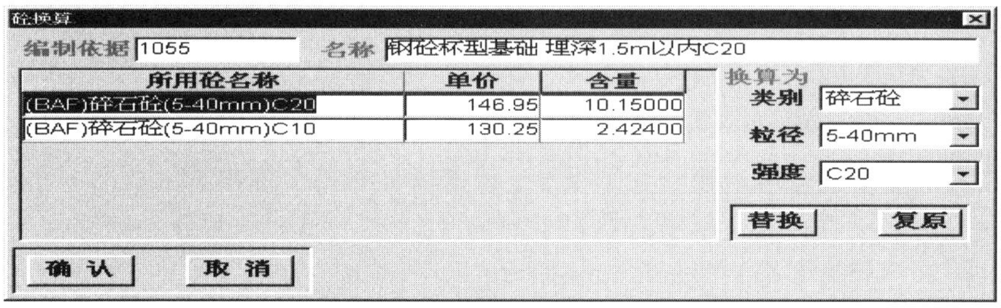

图 4－12(a)　砼级配换算

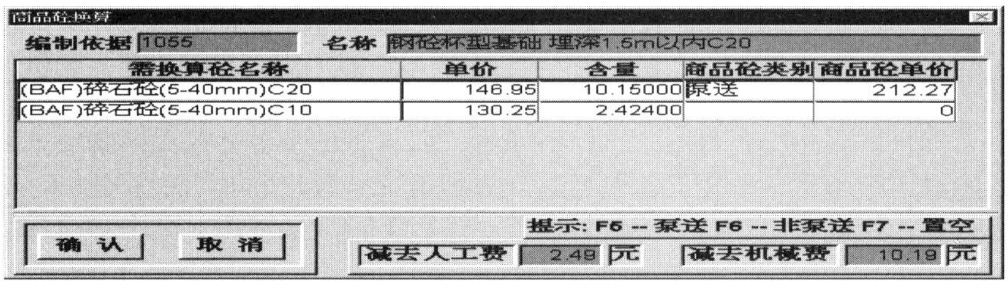

图 4－12(b)　商品砼换算

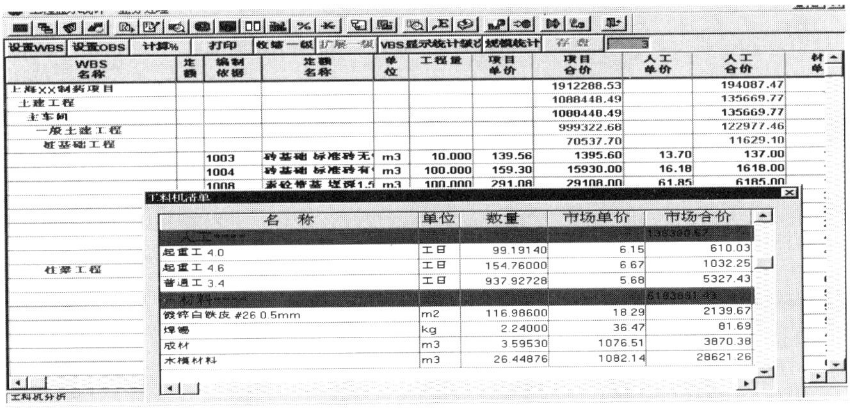

图 4－13　按任意级次汇总工料机消耗项

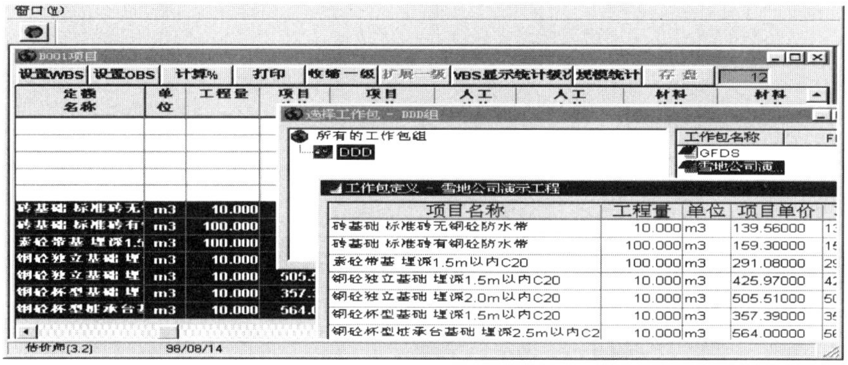

图 4－14　选取工作包报价

取费表，用户可根据需要自行输入费率公式或任调用系统中已有的取费标准。系统能够按任意级次(或范围)进行取费并可以回摊到定额子项中或以直接费、间接费部分反弹到报价电子表中。

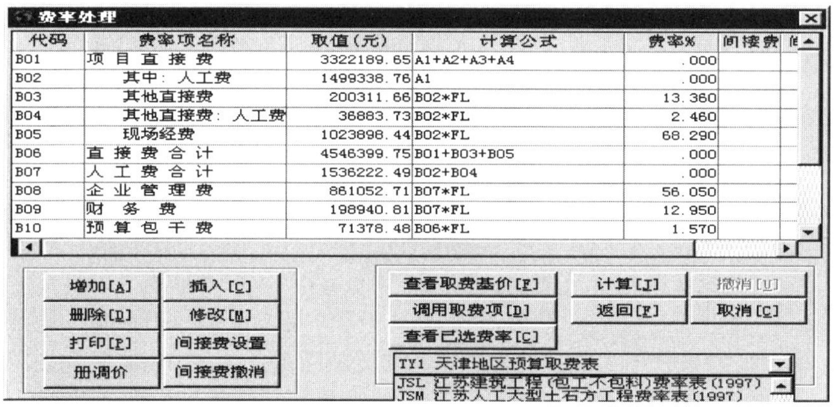

图 4－15　工程取费程序表

三、软件其他功能简介

1. 不论是在套（报）价过程中，还是在报表管理过程中，都可实现与EXCEL接口，相互读写的功能。用户不但可将有关内容输入至EXCEL中，视需要对表格格式、内容等进行修改调整，自定义表格，还可将EXCEL中已有的数据，转换为文本格式后，输入至报价系统中。

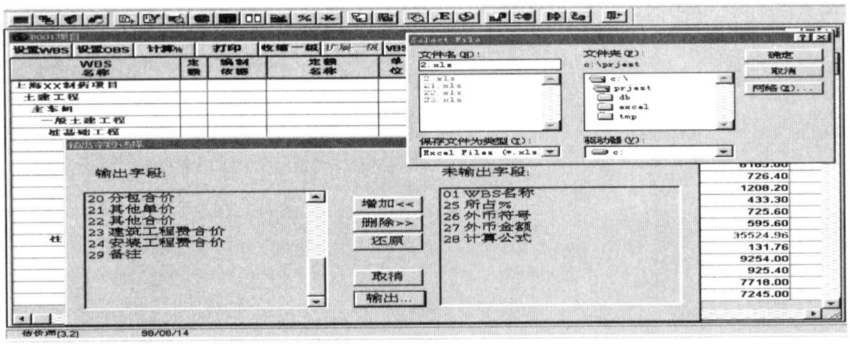

图4－16(a)　将Excel文件转换为报价文件

图4－16(b)　将报价文件转换为Excel文件

2. 系统可以实现各种价格替换，联接市场价格，提供价差信息。预算价可采用手工更新、更新码更新、价格库更新或外部文件（包括网络）更新；市场价可以是某一月份的，也可以是若干月份按百分比结算得到。

3. 利用WBS、OBS结构编码将相同的多个子工程可合并为一个主工程项目。

4. 在主屏中自编企业定额地输入，快速简捷。

5. 系统对国外引进部分，如设备、材料、技术资料等能独立处理。

6. 企业自定义码的使用，能实现对工程中主要工料机等数量的管理和控制。通过对定额需耗用的实物量与实际使用量的比较，能有效地控制工程成本，实现项目的动态管理。

图 4－17 价格更新

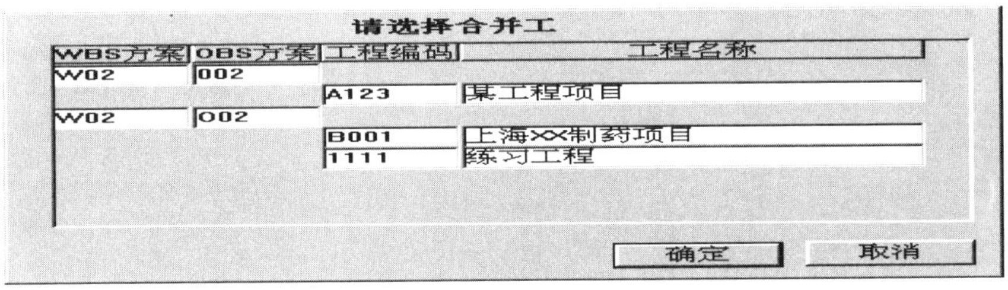

图 4－18 工程合并

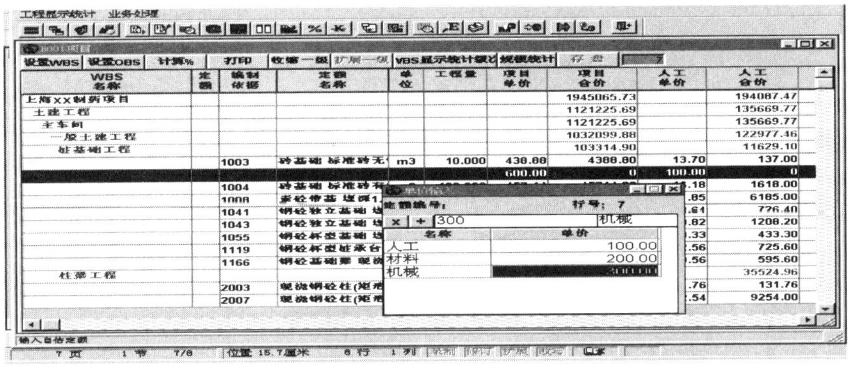

图 4－19 在主屏中输入企业定额

图 4－20 引进设备、材料技术处理

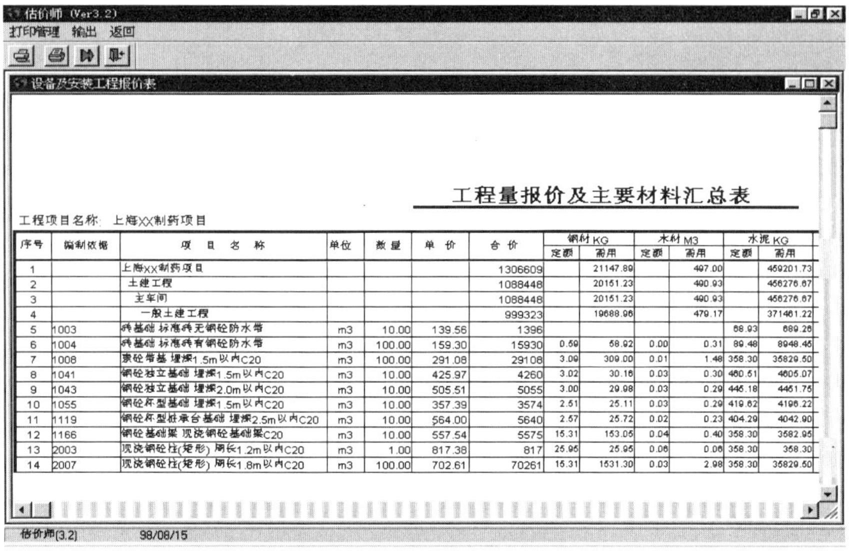

序号	编制依据	项目名称	单位	数量	单价	合价	钢材KG		木材M3		水泥KG	
							定额	需用	定额	需用	定额	需用
1		上海XX制药项目				1306609		21147.89		497.00		469201.73
2		土建工程				1088448		20151.23		490.93		456276.67
3		主车间				1088448		20151.23		490.93		456276.67
4		一般土建工程				999323		19688.96		479.17		371461.22
5	1003	砖基础 标准砖无钢砼防水带	m3	10.00	139.56	1396					68.93	689.26
6	1004	砖基础 标准砖有钢砼防水带	m3	100.00	159.30	15930	0.59	58.92	0.00	0.31	89.48	8948.46
7	1008	素砼带基 埋深1.5m以内C20	m3	100.00	291.08	29108	3.09	309.00	0.01	1.48	358.30	35829.50
8	1041	钢砼独立基础 埋深1.5m以内C20	m3	10.00	425.97	4260	3.02	30.16	0.03	0.30	460.51	4605.07
9	1043	钢砼独立基础 埋深2.0m以内C20	m3	10.00	505.51	5055	3.00	29.98	0.03	0.29	446.18	4461.76
10	1055	钢砼杯型基础 埋深1.5m以内C20	m3	10.00	357.39	3574	2.51	25.11	0.03	0.29	419.62	4196.22
11	1119	钢砼杯型桩承台基础 埋深2.5m以内C20	m3	10.00	564.00	5640	2.57	25.72	0.02	0.23	404.29	4042.90
12	1166	钢砼基础梁 现浇钢砼基础梁C20	m3	10.00	557.54	5575	15.31	153.05	0.04	0.40	358.30	3582.95
13	2003	现浇钢砼柱(矩形) 周长1.2m以内C20	m3	1.00	817.38	817	25.95	25.95	0.06	0.06	358.30	358.30
14	2007	现浇钢砼柱(矩形) 周长1.8m以内C20	m3	100.00	702.61	70261	15.31	1531.30	0.03	2.98	358.30	35829.50

图4－21　工程量报价及主要材料汇总表

四、定 额 管 理

1. 系统能同时运行全国各行业、各地区、各类别的定额库。

2. 定额库管理采用无穷级次嵌套方式，每条定额子目的消耗都可以嵌套无穷层定额并可以无穷层展开。

3. 系统提供强大的企业自建库手段，便于形成企业定额。

4. 系统是采用开放式的册、章、节形式存放定额，并按工、料、机、主材、设备、分包及其他来组织定额库。

5. 对定额中的数据可进行增加、删除、修改或备份。

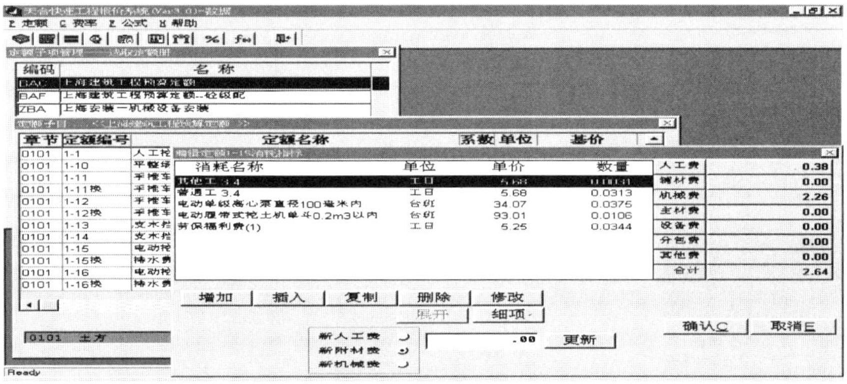

图4－22　消耗名称

五、价 格 管 理

1. 系统以量价分离方式同时存放多种价格。同册定额一种消耗可以对应多种不同价格，一种单价也可同时被不同定额采用。

2. 价格库可按价格更新码、价格类别、外部文件进行价格更新替换。

3. 系统提供用户每月价格库,供用户输入并报价时调用。

4. 每种消耗项单价均可展开,即分别由基价(供应价)、运杂费等展开项组成。

六、项目工作包管理

1. 系统采用多级次存放工作包。

2. 每个工作包都设定了一组技术经济指标,便于套用时自动查询。

3. 工作包可以是报价前整理录入的经验数据包,也可以是将报价时的项目按 WBS 结构打成一个或几个实例包。

七、软件技术特点

1. 系统采用 Powerbuilder 和 V. B、V. C 作为开发工具，适用于各种版本的 Windows 平台。

2. 开发式数据库接口，可根据用户的需求挂接各类数据库，如：SYBASE、SQLSEERVER、ANYWHERE。

3. 适用的网络环境包括 NOVELL、WINDOWS NT、UNIX 系统。

八、其　　他

1. 能与国外其他项目管理软件(如 OPP,P3,ST)接口。

2. 计算机硬件设施要求 586 系统主频 90M 以上及 16M 以上内存。

作业与思考题

一、思考题

1. 如何编制施工图预算书?编制时应注意哪些问题?

2. 应用定额时应注意哪些问题?

3. 套用定额时,工程量的计量单位应如何处理?

4. 如何计算装饰工程的预算造价?

5. 在什么情况下必须对套用的定额单价进行调整?

6. 对材料的差价应如何处理?

7. 如何求得装饰工程的工料量?

二、作业题

1. 某工程的地面采用花岗岩，其工程量为 350m^2，定额的计量单位是 100 m^2,在套用定额时,应如何处理计算单位?

2. 题 1 中如花岗岩的定额预算价格是 185 元／m^2,现购买花岗石的市场价格是 240 元／m^2,应用定额时该项目材料费应如何处理?

3. 试对实例中的会议室 S2、S3 或 S4 其中之一编制其装饰工程预算。

参考书目

〔1〕陕西省建设厅．陕西省建筑工程综合概预算定额，1999

〔2〕陕西省建设厅．陕西省建筑工程、安装工程、仿古园林工程及装饰工程费用定额，1999

〔3〕中华人民共和国建设部．全国统一建筑工程基础定额土建 GJD－101－95. 北京：中国计划出版社

后　记

《建筑装饰工程预算》一书，涉及专业性强，技术性强。为适应当今建筑工程预算工作的需要，我们在编写过程中增加了大量实例，如：实例工程图样的选择，工程量计算，工料分析及人工，材料单价的调整，编制装饰预算说明，编制预算的步骤等内容，还在计算机辅助编制预算方面介绍了量价分离的数据库管理等，使本书能更好地适应教学及自学的需要。

本书在编写过程中得到了张惠云、苏乾同志及出版社编辑的大力帮助并增添了部分内容，在此表示衷心的感谢！

编者

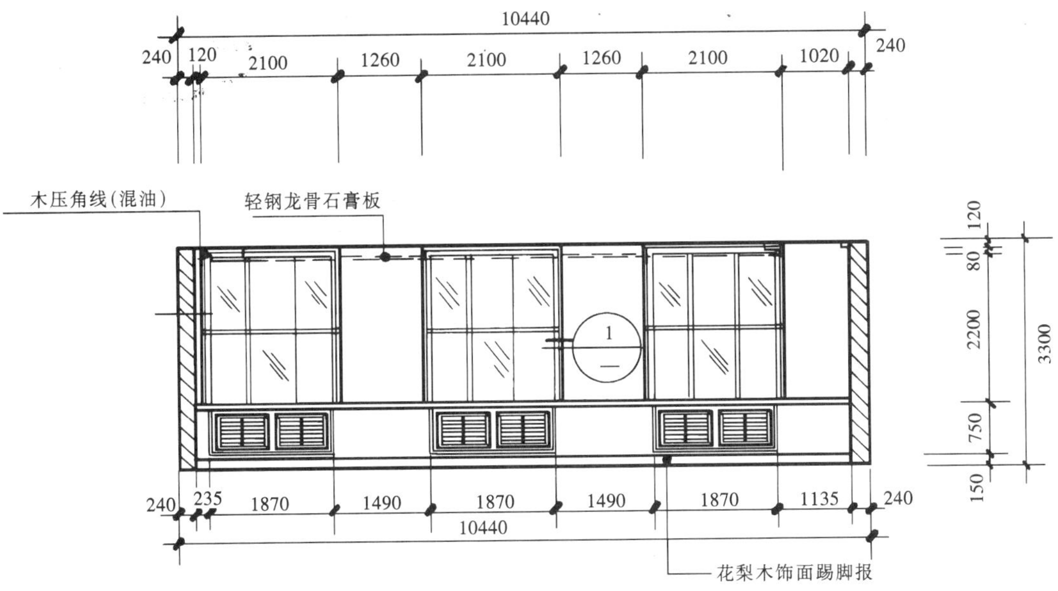

S3 会议室 B 立面图 1:100

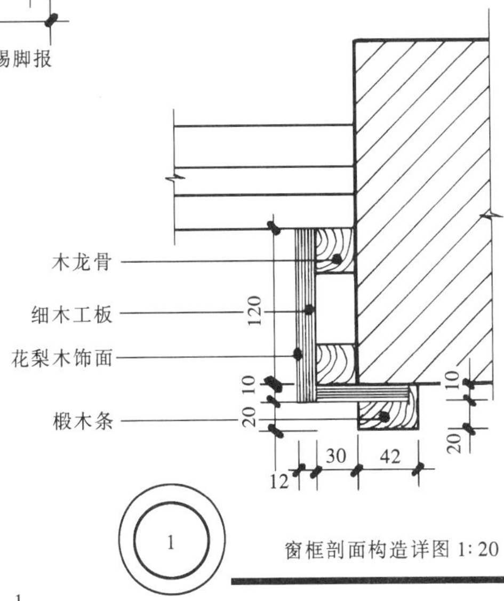

窗框剖面构造详图 1:20

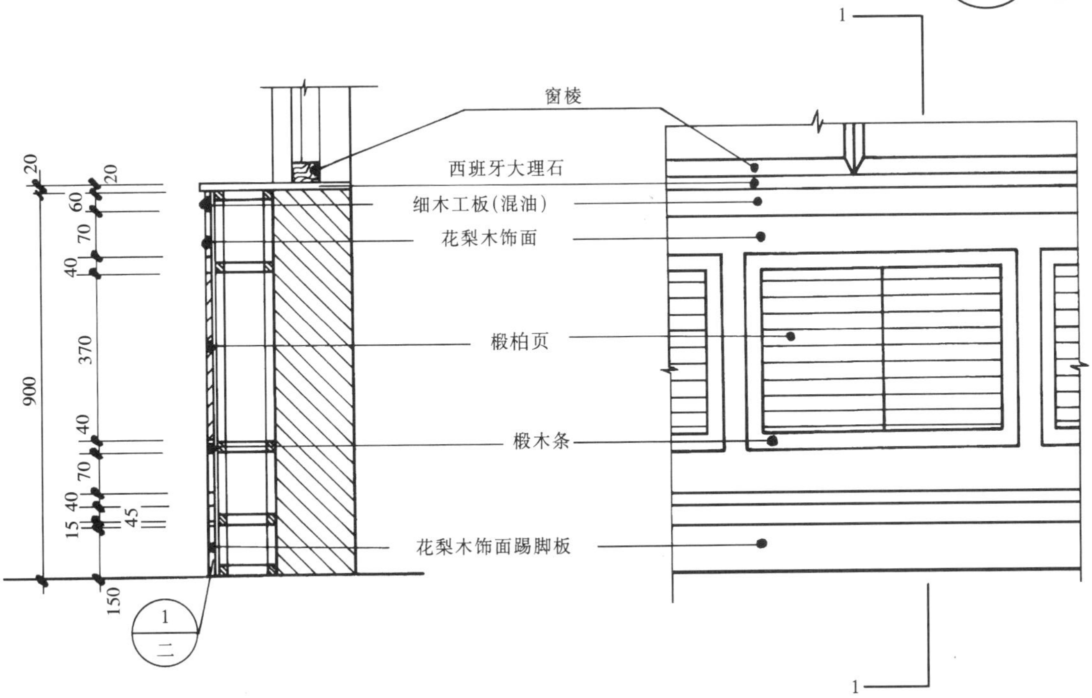

1－1 暖气罩剖面构造详图 1:20

暖气罩立面构造详图 1:20

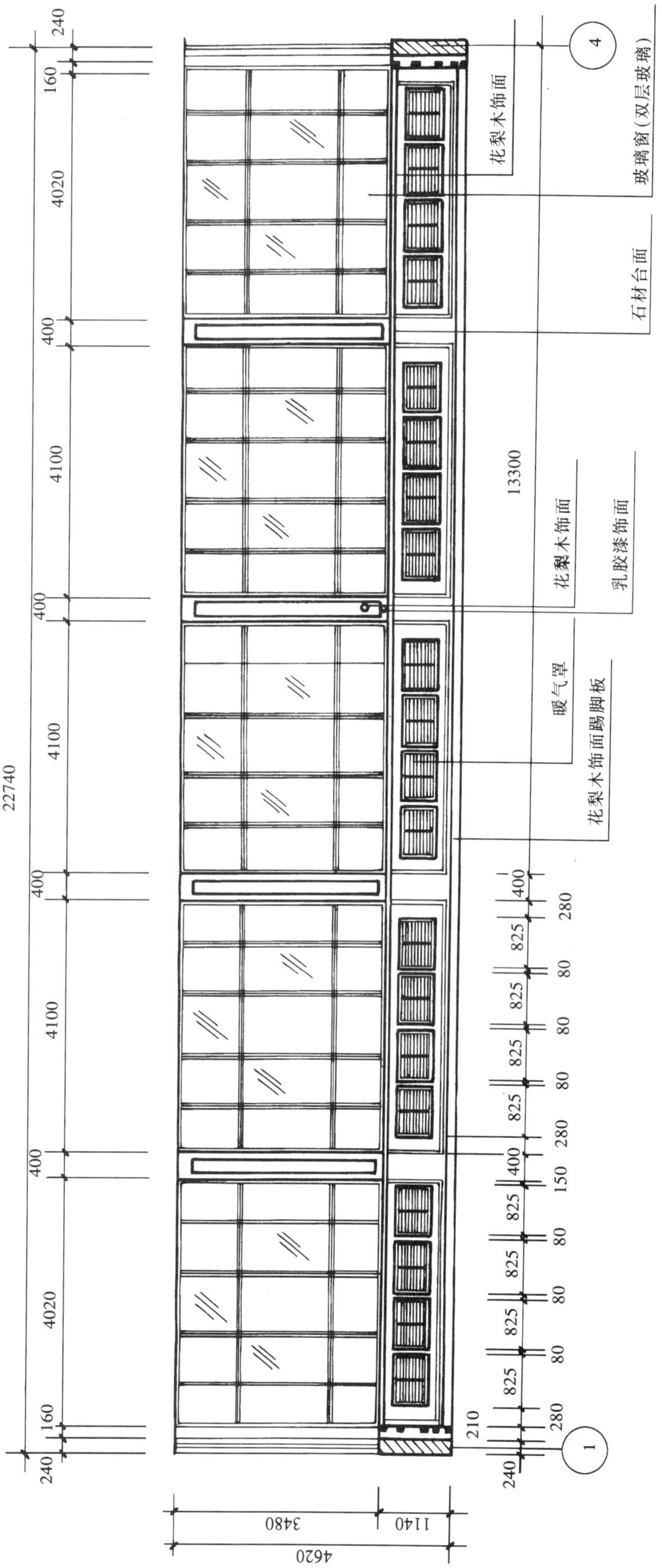

S1 会议室 A 立面图 1:100

S1 会议室 A 立面图 1:100

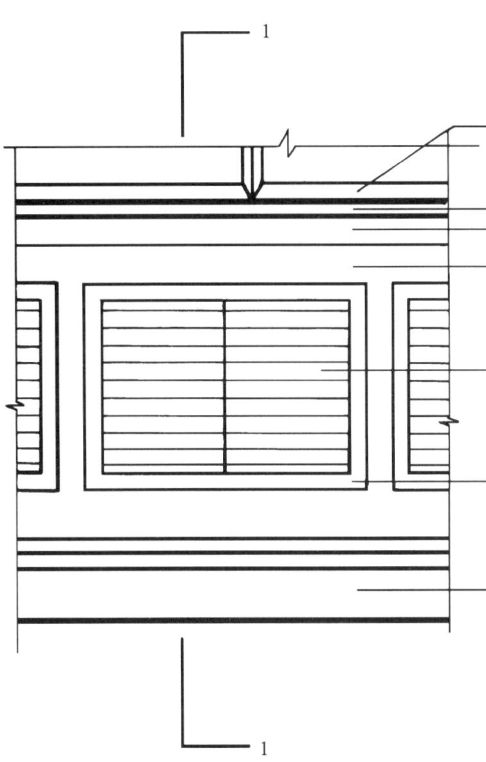

暖气罩立面构造详图 1:20

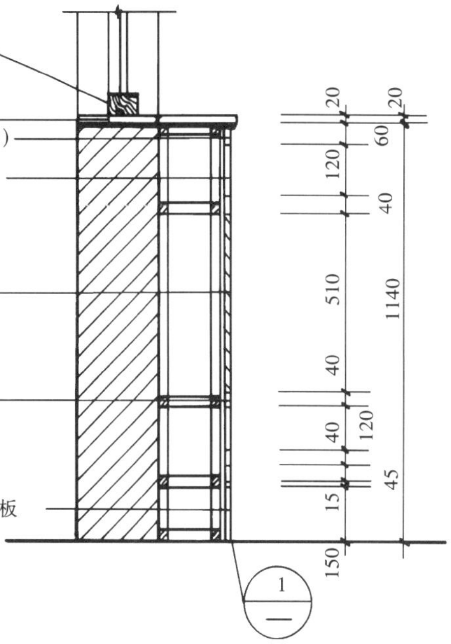

1－1 暖气罩剖面构造详图 1:20

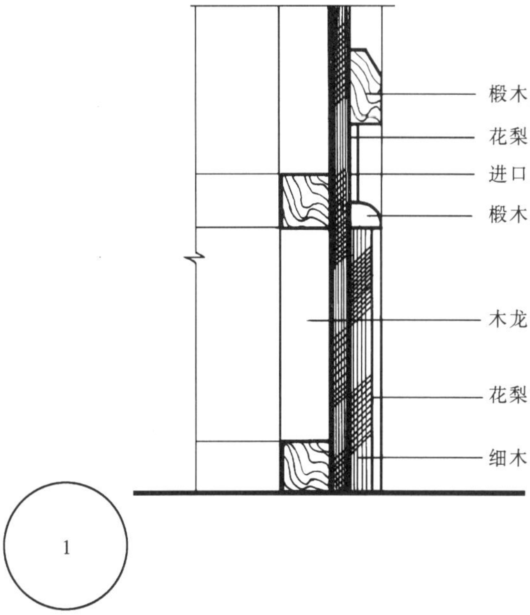

踢脚线剖面构造详图 1:4

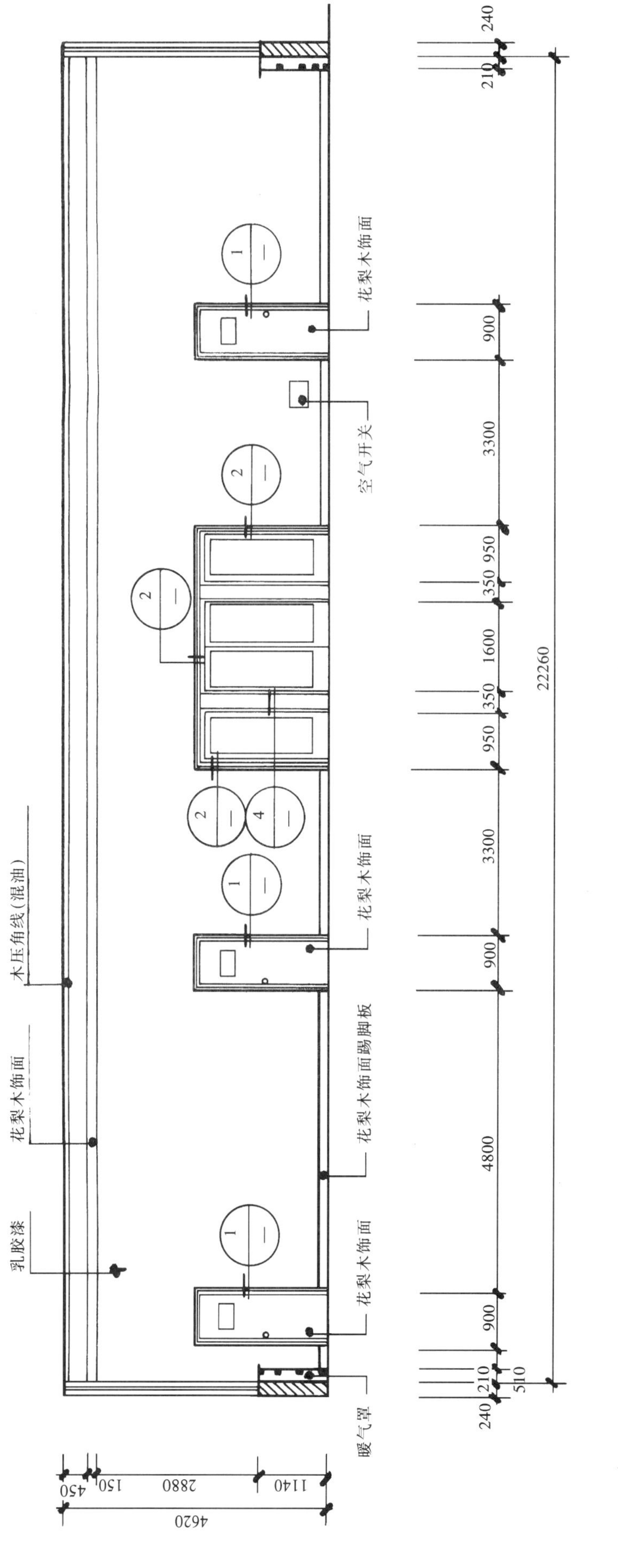

S1 会议室 B 立面图 1:100

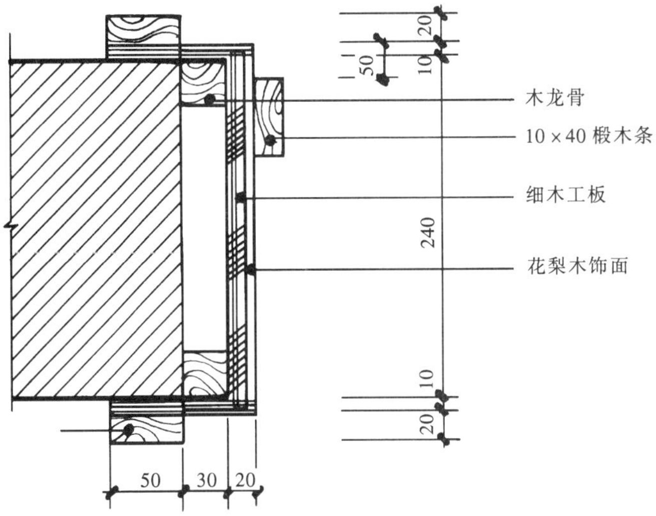

1

门樘剖面详图 1:5

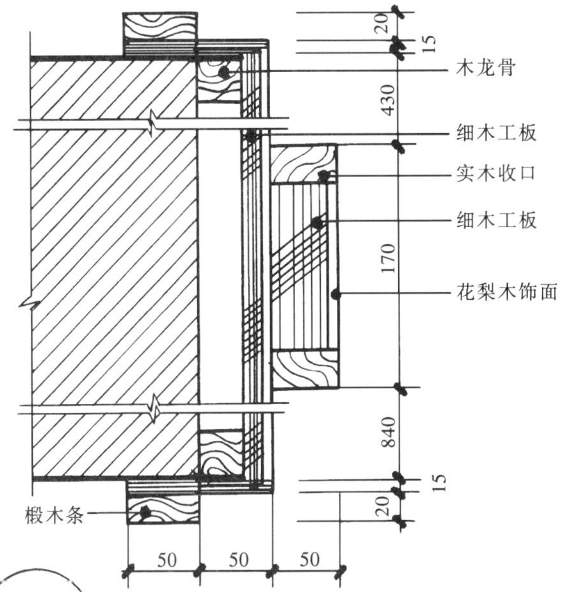

2

门樘剖面详图 1:10

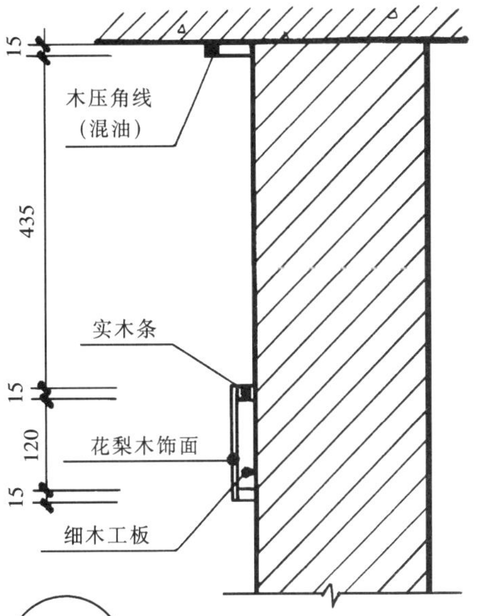

3

挂镜线剖面详图 1:10

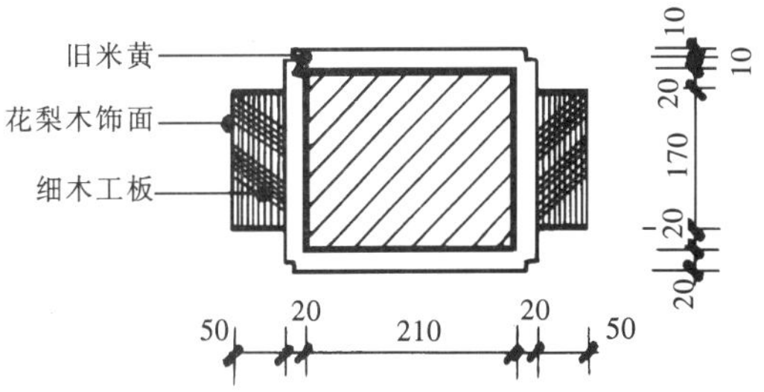

4

门樘剖面详图 1:10

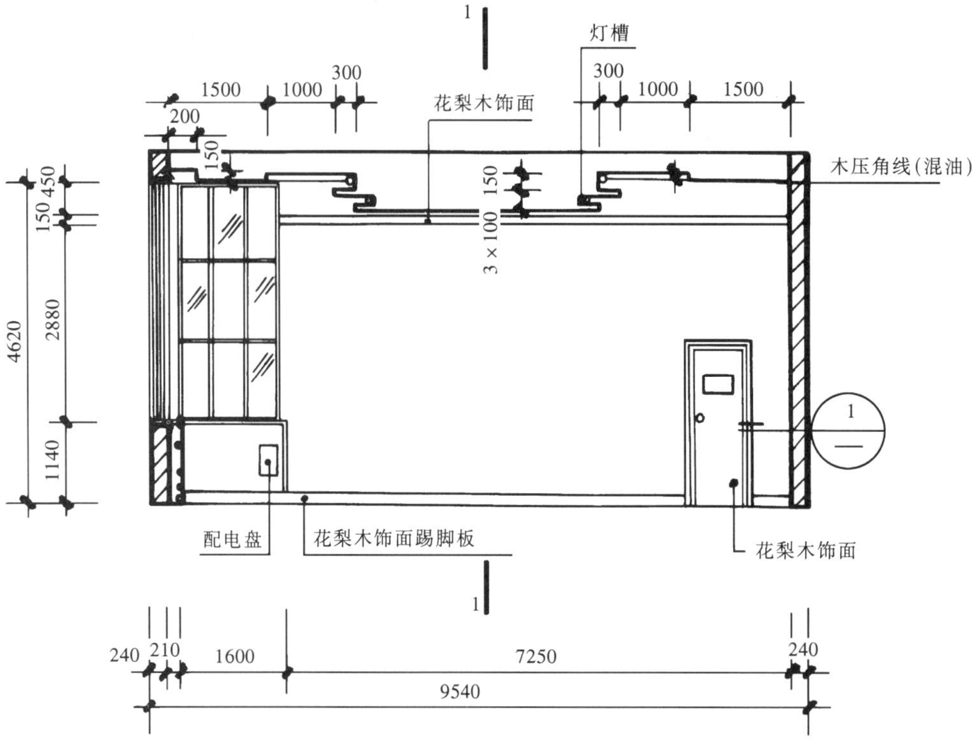

S1 会议室 C 立面图 1∶100

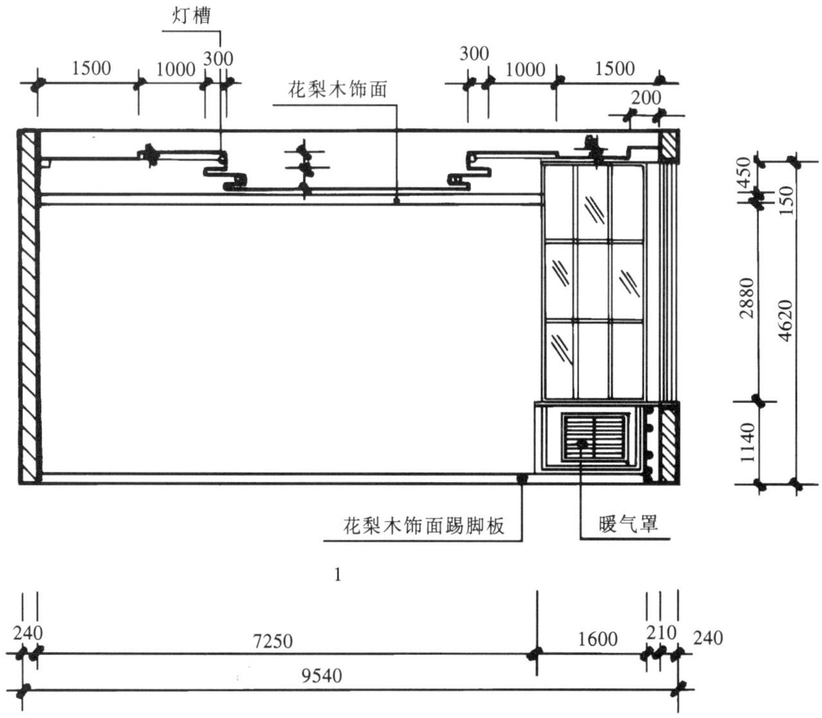

S1 会议室 D 立面图 1∶100

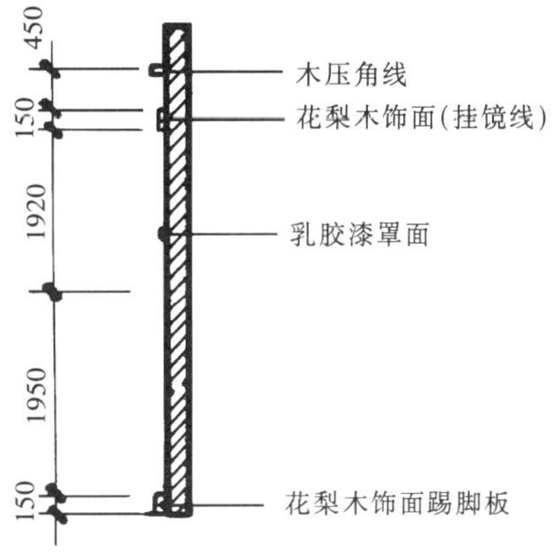

1-1 墙体剖面详图 1:100

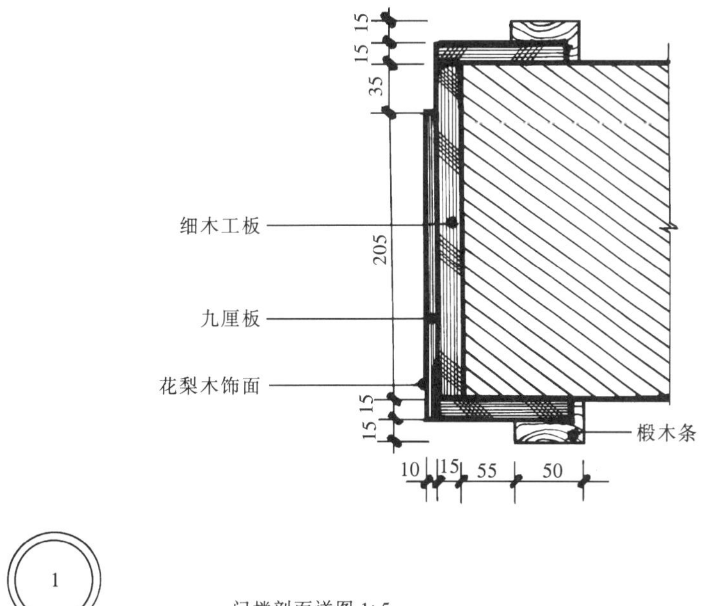

门樘剖面详图 1:5

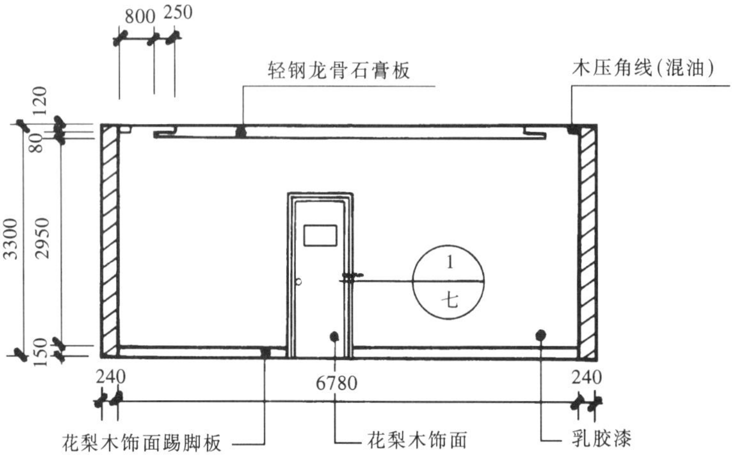

S2 会议室 A 立面图 1∶100

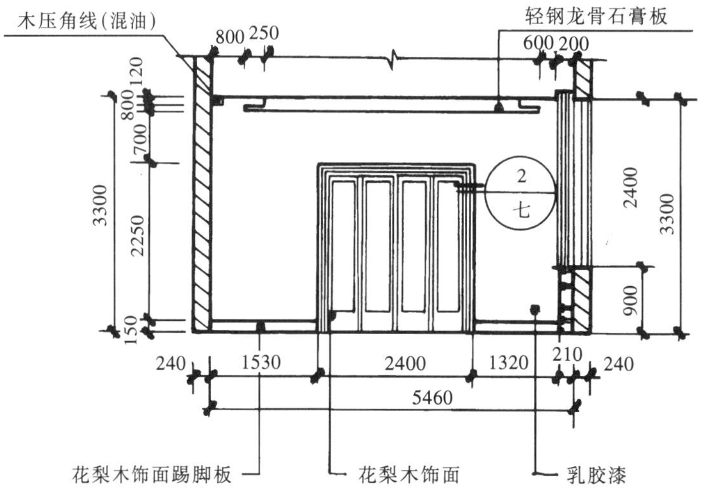

S2 会议室 C 立面图 1∶100

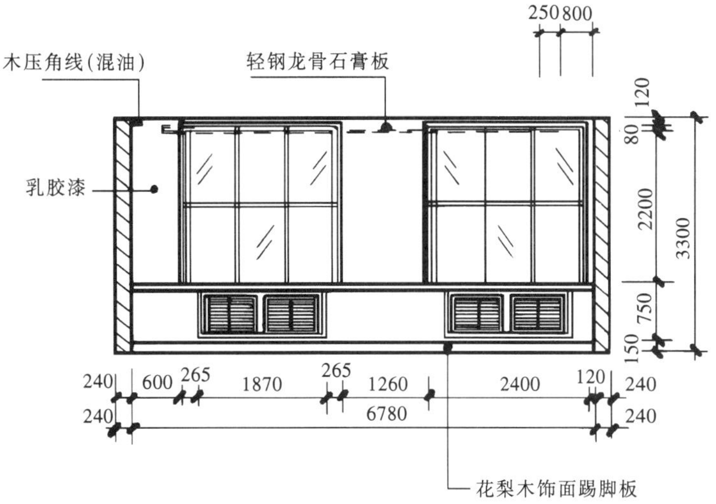

S2 会议室 B 立面图 1∶100

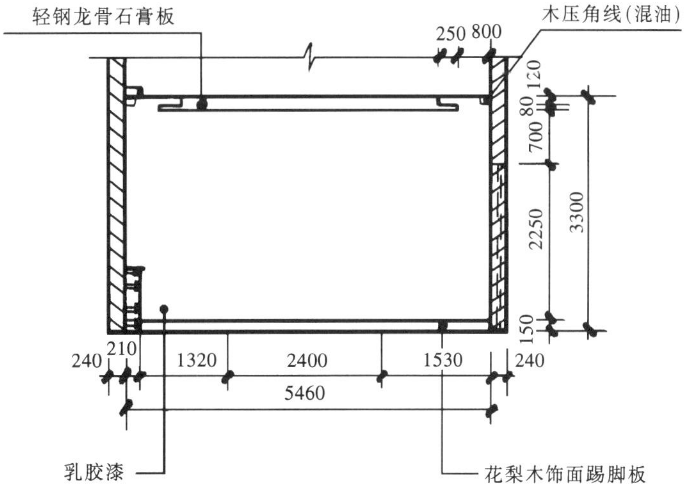

S2 会议室 D 立面图 1∶100

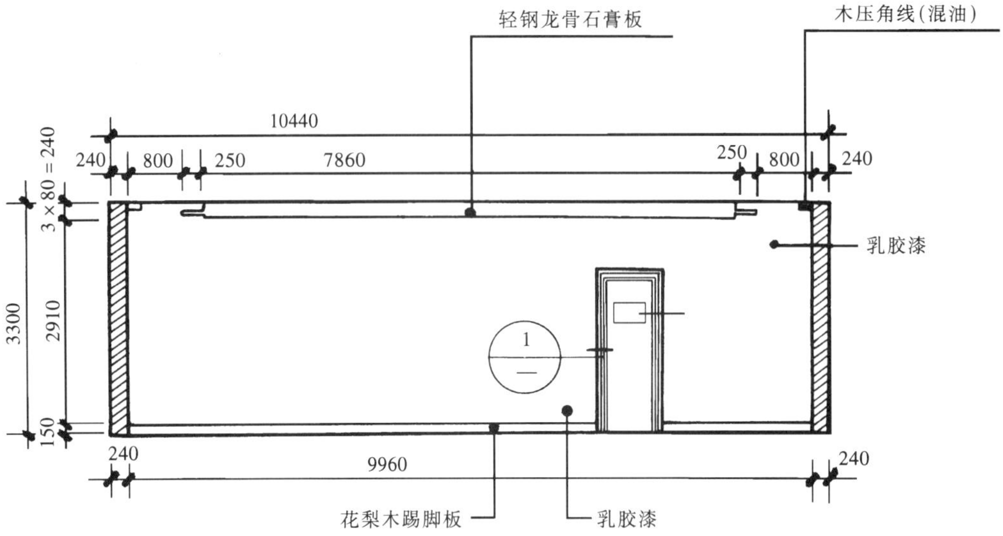

S3 会议室 A 立面图 1∶100

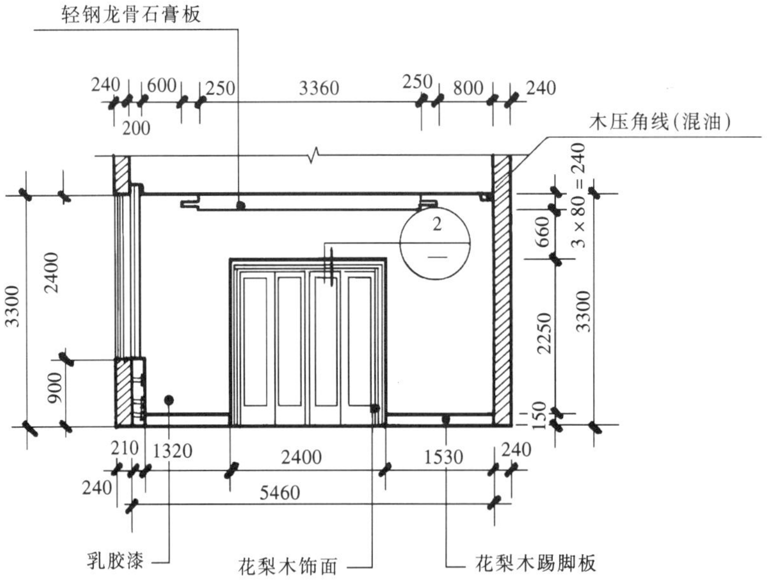

S3 会议室 D 立面图 1∶100

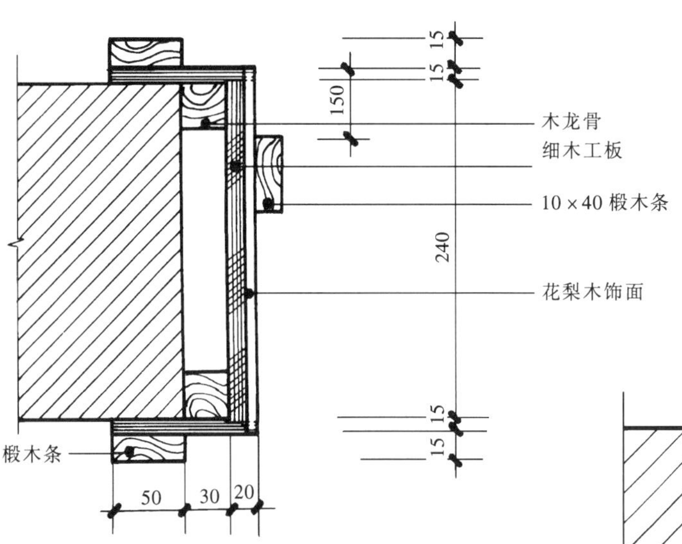

1 门樘剖面详图 1∶5

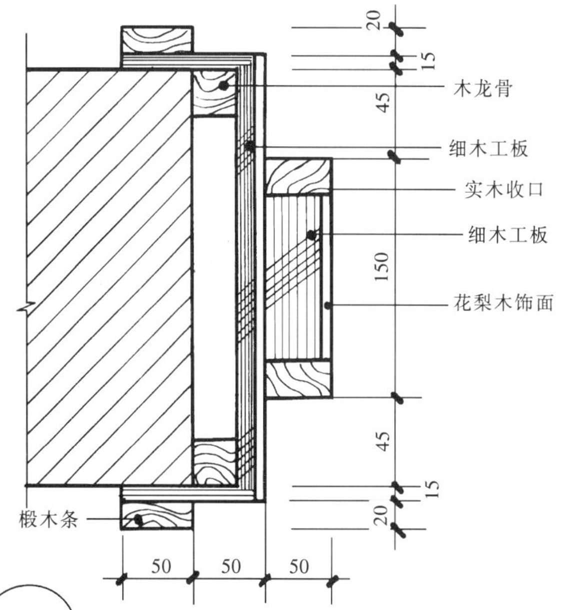

2 门樘剖面详图 1∶5

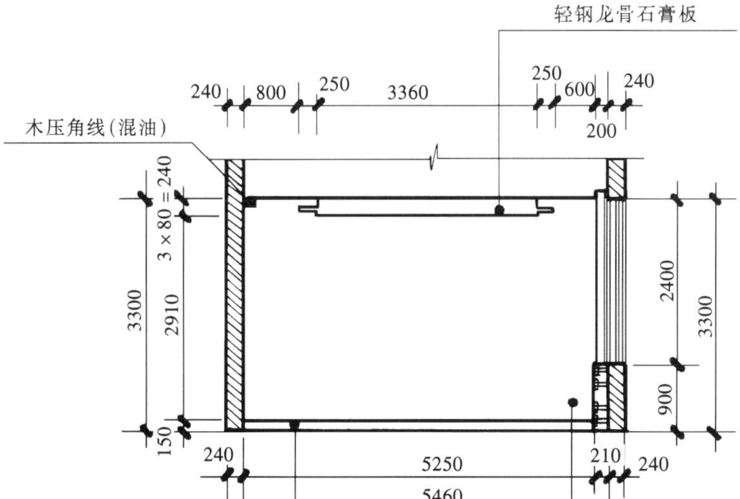

S3 会议室 C 立面图 1∶100

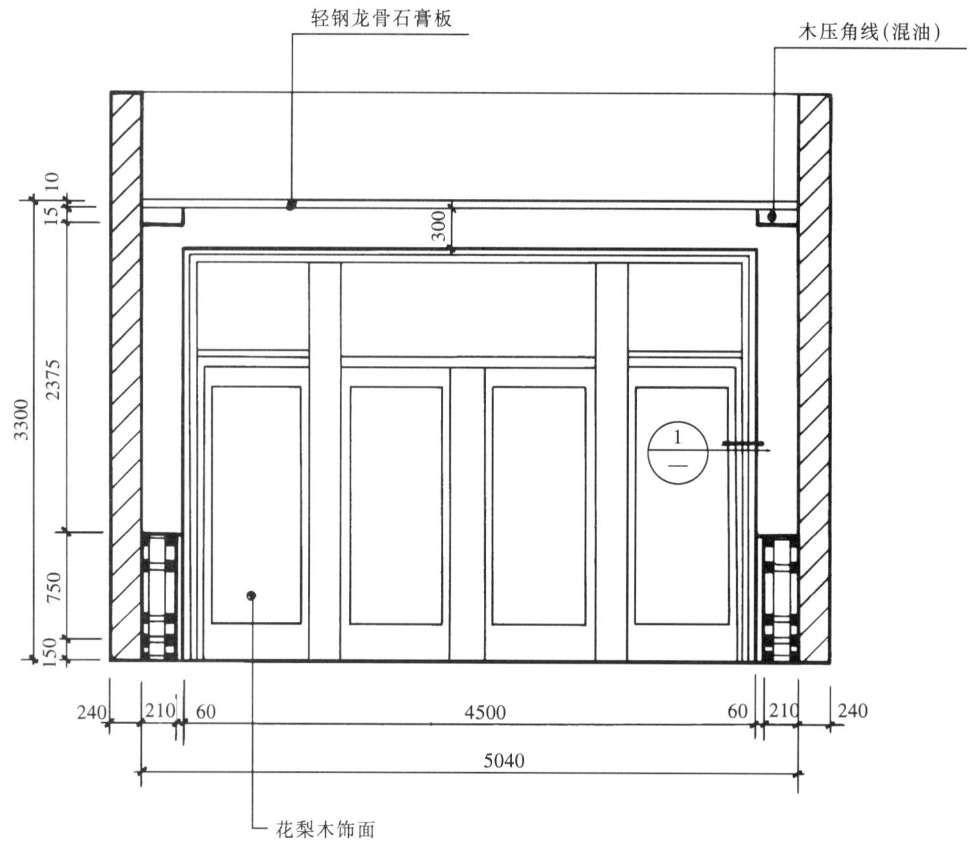

S4 门厅 B 立面图 1:50

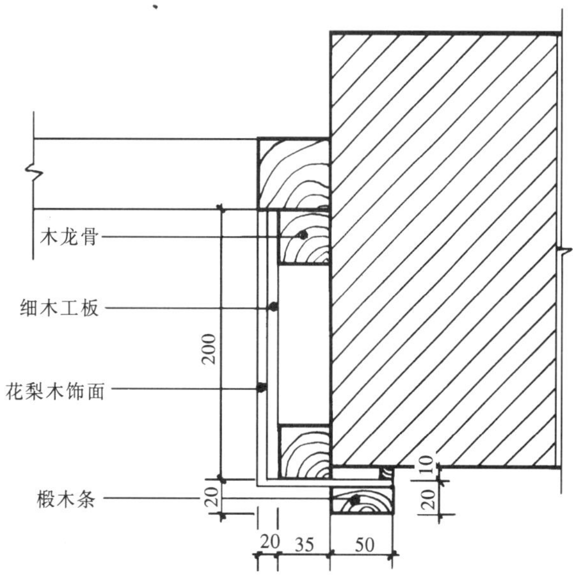

1 大门门套构造详图 1:5

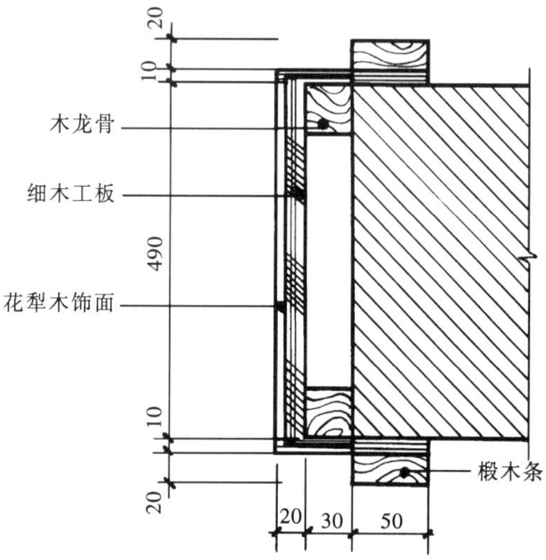

2 门套剖面详图 1:5

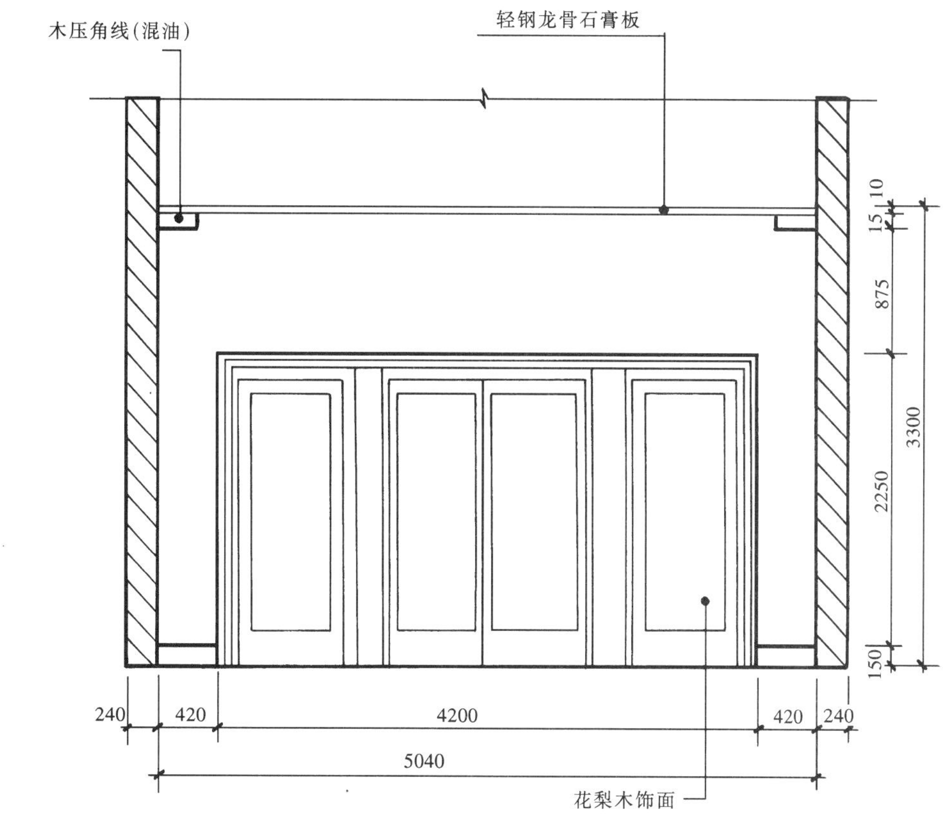

S4 门厅 A 立面图 1:50

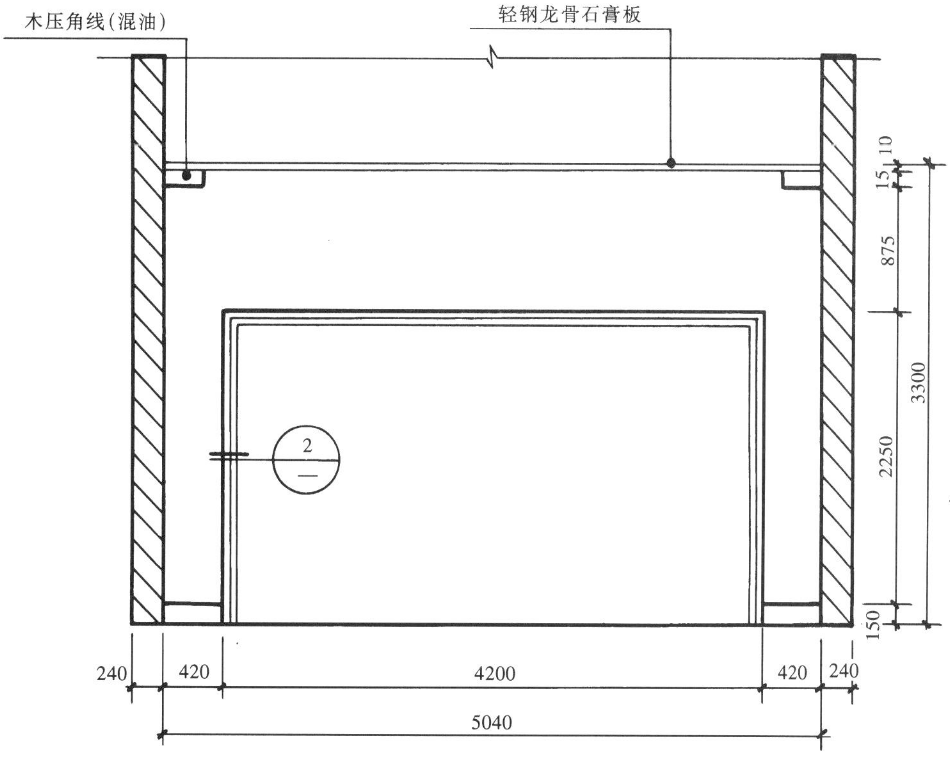

S4 过厅 A 立面图 1:50

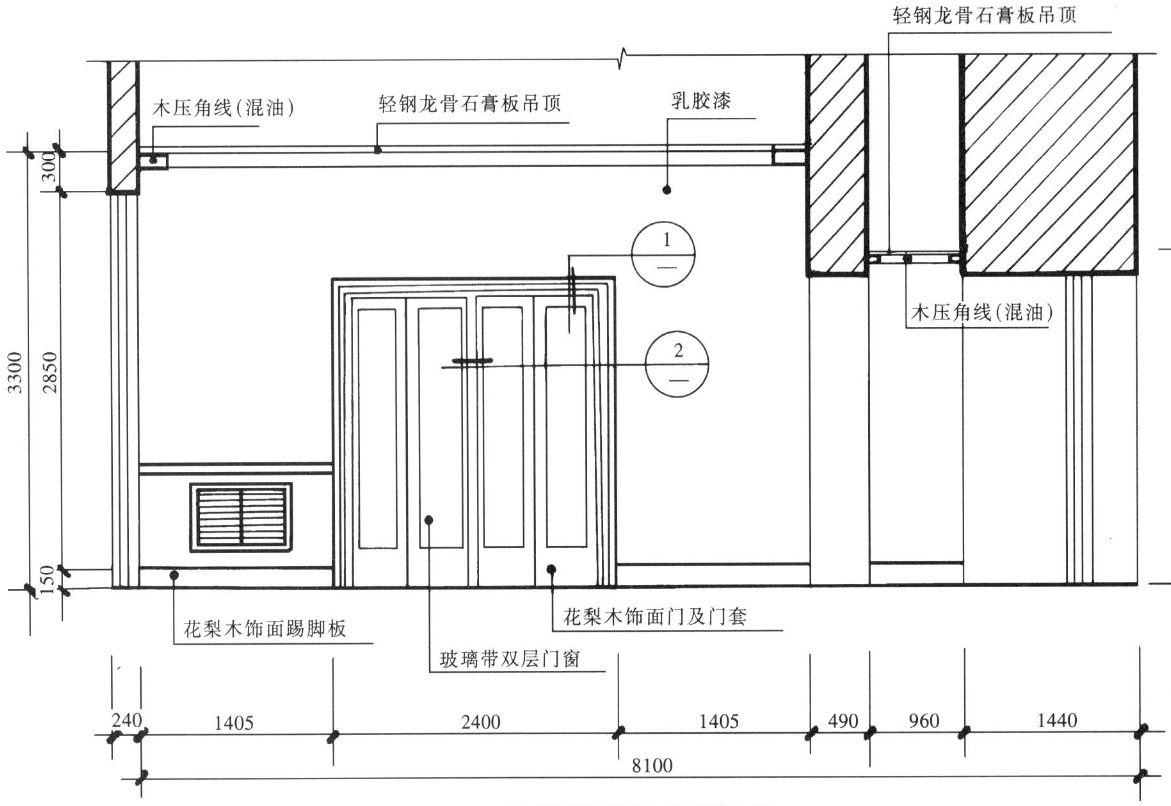

S4 门厅及过厅 D 立面图 1∶50

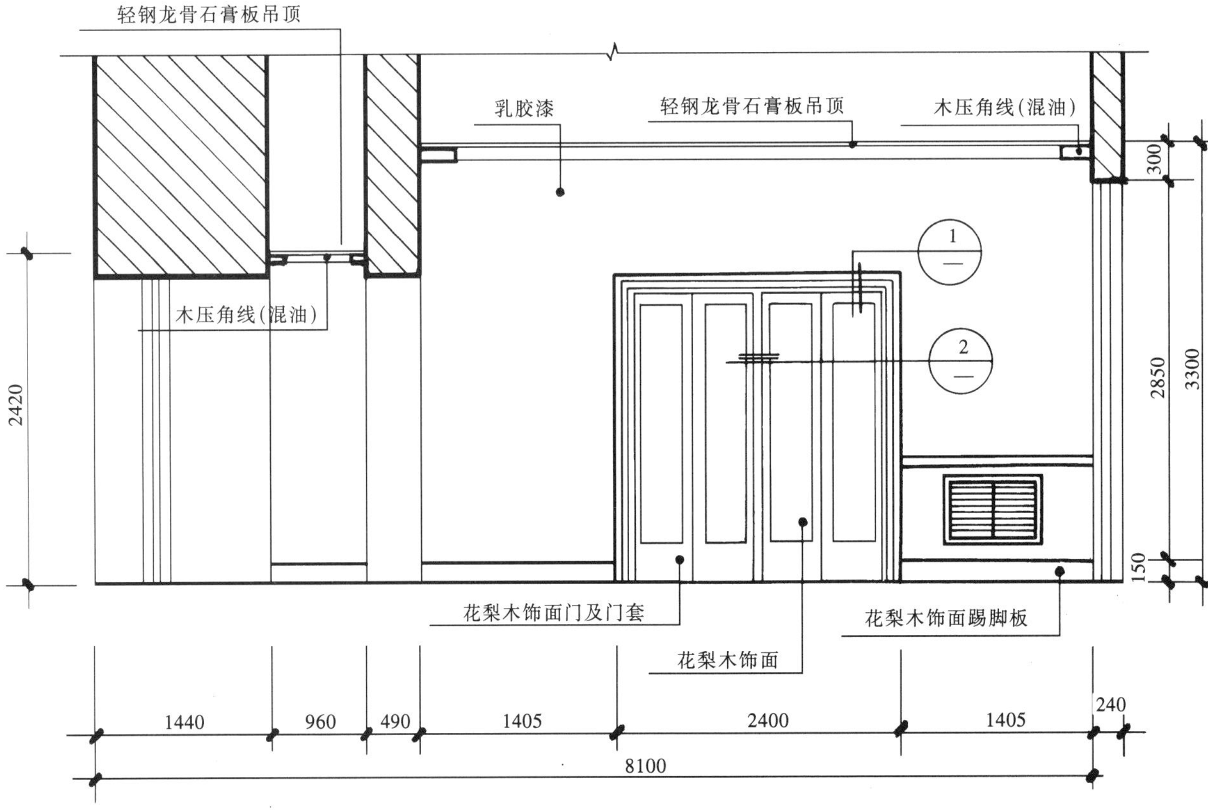

S4 门厅及过厅 C 立面图 1∶50

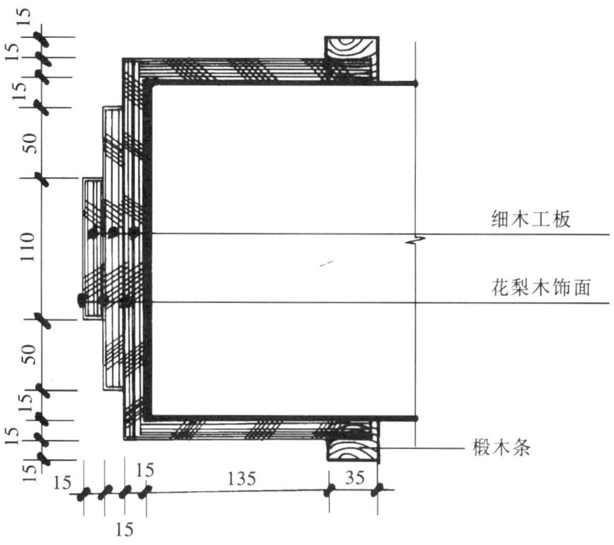

门套剖面详图 1:5

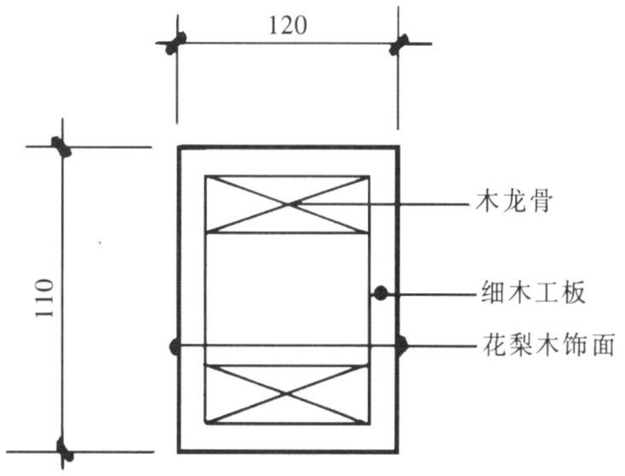

门框剖面详图 1:5